Schwarze • Mathematik für Wirtschaftswissenschaftler

Elementare Grundlagen für Studienanfänger

NWB-Studienbücher · Wirtschaftswissenschaften

Mathematik für Wirtschaftswissenschaftler

Elementare Grundlagen für Studienanfänger mit zahlreichen Kontrolltests, Übungsaufgaben und Lösungen

Von
Professor Dr. Jochen Schwarze

7. Auflage

nwb Verlag Neue Wirtschafts-Briefe
Herne/Berlin

ISBN 3-482-**56647**-X – 7. Auflage 2003

Druck: Rheinhessische Druckwerkstätte, Alzey

Vorwort zur 7. Auflage

Solide Grundkenntnisse in einigen Teilgebieten der Mathematik, z.B. Funktionen, Differentialrechnung, Finanzmathematik, Lineare Algebra, sind heute unverzichtbare Voraussetzungen für ein wirtschaftswissenschaftliches Studium. Diese Kenntnisse sind Gegenstand einschlägiger Lehrveranstaltungen im Grundstudium und müssen von den Studierenden im Rahmen von Zwischen- bzw. Vordiplom-Prüfungen nachgewiesen werden.

Studienanfänger der Wirtschaftswissenschaften bringen heute oft noch nicht einmal die für den Besuch solcher Einführungsveranstaltungen erforderlichen Vorkenntnisse mit. Das Rechnen mit Brüchen, Potenzen, Wurzeln und Logarithmen, das Auflösen von einfachen und quadratischen Gleichungen und Ungleichungen und andere mathematische Ansätze und Techniken bereiten teilweise erhebliche Schwierigkeiten, unter denen dann das ganze Grundstudium leidet. Rechtzeitige Auffrischung der mathematischen Kenntnisse in den elementaren Grundlagen ist deshalb für viele Studierende der Wirtschaftswissenschaften zu einem wichtigen Problem geworden.

Die vorliegende Darstellung elementarer mathematischer Grundlagen ist aus einem Vorkurs zur Mathematik für Wirtschaftswissenschaftler entstanden, den ich viele Jahre an der Technischen Universität Braunschweig für Studierende der Wirtschaftswissenschaften vor Studienbeginn abgehalten habe. Als Ergänzung zu den im gleichen Verlag erschienenen drei Bänden *Mathematik für Wirtschaftswissenschaftler* soll das Buch der Wiederholung mathematischer Grundkenntnisse dienen. Da Mathematik für die Wirtschaftswissenschaften nur eine Hilfsdisziplin ist, wurde auf eine knappe Darstellung Wert gelegt. Auswahl und Behandlung des Stoffes beschränken sich auf die Bedürfnisse der Wirtschaftswissenschaften, so dass einige Gebiete nur in wesentlichen Grundzügen behandelt wurden. Der Text sollte auch für eine selbständige Durcharbeitung geeignet sein. Besonderer Wert wurde auf Beispiele und Übungsaufgaben gelegt. Zu letzteren sind in einem Anhang die Lösungen wiedergegeben.

Für die 6. Auflage wurde der Text vollständig bearbeitet und mit dem Textsystem LaTeX neu erfasst. Für ihre Unterstützung dabei habe ich meinem Sohn Stephan und vor allem Herrn Dipl.-Phys. Daniel Gundelfinger sehr herzlich zu danken.

Für die nunmehr vorliegende 7. Auflage wurde der gesamte Text erneut einer kritischen Durchsicht unterzogen. Bei den erforderlichen Revisionen hat mich Herr Dipl.-Phys. Gundelfinger mit gewohnter Zuverlässigkeit wieder unterstützt, wofür ich ihm sehr zu Dank verpflichtet bin. Meine Dackelhündin Nanna erwies sich, wie so oft, wieder als mathematikignoranter Störfaktor.

Im Dezember 2002 Jochen Schwarze

Hinweise für die Durcharbeitung dieses Buches

Jedem Kapitel (mit Ausnahme von Kapitel 2) ist ein Vortest vorangestellt, mit Aufgaben zu dem Stoff des Kapitels. Der Leser kann diese Aufgaben bearbeiten um festzustellen, ob die Durcharbeitung des Kapitels für ihn nötig ist. Da die Anzahl der Aufgaben in den Vortests nur klein ist, sollte auf ein Durcharbeiten eines Kapitels aber nur verzichtet werden, wenn alle Aufgaben des betreffenden Vortests richtig gelöst wurden.
Die meisten Übungsaufgaben sind in den Text eingestreut. Sie sollten beim Durcharbeiten vollständig bearbeitet werden, denn Sicherheit im Umgang mit den behandelten mathematischen Gebieten wird vor allem durch intensives Üben, d.h. Bearbeiten von Aufgaben, erlangt. Teilweise sind den Abschnitten noch *Ergänzende Aufgaben* als zusätzliche Übungsmöglichkeit beigefügt.
Definitionen, Regeln, Beispiele, Figuren und Aufgaben sind abschnittsweise fortlaufend nummeriert. Durch ausgestellte große Buchstaben wurden kenntlich gemacht mit:
B Beispiele
D Definitionen
F Figuren bzw. Abbildungen
R Regeln
Ü Übungsaufgaben.
Die fortlaufende Nummerierung führt dazu, dass z.B. B 4.5.1 (ein Beispiel), Ü 4.5.2 (eine Übungsaufgabe) und R 4.5.3 (eine Regel) aufeinander folgen.
Beispiele und Übungsaufgaben sind zusätzlich *kursiv* hervorgehoben.

Inhaltsverzeichnis

1 Logische Symbole und Begriffe

In diesem Kapitel werden die logischen Begriffe und Symbole behandelt, die in den späteren Ausführungen benötigt werden.

1.0 Vortest

Ü 1.0.1 *Welche der folgenden Sätze sind Aussagen?*
a) *Wann gehst Du nach Hause?*
b) *Bonn ist die Hauptstadt der Bundesrepublik Deutschland.*
c) *Lass mich bitte in Ruhe!*
d) 13 *und* 29 *sind gerade Zahlen.*

Ü 1.0.2 *Welche der folgenden Aussagen sind wahr und welche falsch?*
a) 29 *ist eine ungerade Zahl.*
b) *Die Diagonalen eines Parallelogramms sind gleich lang.*
c) *Köln liegt an der Weser.*

Ü 1.0.3 *Was ist eine Aussageform? Was versteht man unter der Lösungsmenge einer Aussageform?*

Ü 1.0.4 *Gegeben sind die zwei Aussagen A und B. Wann sind die zusammengesetzten Aussagen* **a)** $A \wedge B$ *und* **b)** $A \vee B$ *wahr?*

Ü 1.0.5 *Verknüpfen Sie die folgenden Aussagen bzw. Aussageformen durch die Implikation* ($\Rightarrow$) *bzw. Äquivalenz* ($\Leftrightarrow$).
a) *A: x ist eine Zahl mit der Ziffer* 0 *am Ende; B: x ist durch* 5 *teilbar.*
b) *A: Das Viereck V hat* 4 *rechte Winkel; B: Das Viereck V ist ein Rechteck.*
c) *A: Paul wohnt in Deutschland; B: Paul wohnt in Braunschweig.*

1.1 Aussagen

In unserer Sprache gibt es verschiedene Formen von Sätzen, z.B. Fragesätze, Befehlssätze oder Aussagesätze.

D 1.1.1 | Eine **Aussage** ist ein Satz, der entweder **wahr** (w) oder **falsch** (f) ist.

Ü 1.1.2 *Welche der folgenden Sätze sind Aussagen?*
a) *Gib mir bitte den Bleistift!*
b) *Paul's Freundin Olga wiegt* 98 *kg.*
c) *Der Mond ist quadratisch.*
d) *Wieviele Seiten hat dieses Buch?*
e) *Paris liegt am Rhein.*
f) *Welches Datum haben wir heute?*
g) *Viel Erfolg beim Durcharbeiten dieses Buches.*

B 1.1.3 *Von den Aussagen*
a) „16 ist eine ungerade Zahl."
b) „$3^2 = 9$."
c) „Die Erde ist eine Scheibe."
d) „Oslo ist die Hauptstadt von Norwegen."
sind a) und c) falsch und b) und d) wahr.

Ü 1.1.4 *Welche der folgenden Aussagen sind wahr und welche falsch?*
a) *„9 ist eine gerade Zahl."*
b) *„Napoleon hat Amerika entdeckt."*
c) *„München ist die Hauptstadt von Bayern."*
d) *„Die Erde ist ein Würfel."*
e) *„$4^2 = 16$."*

Zu jeder Aussage gibt es eine Aussage, die das Gegenteil besagt. Diese heißt Negation der Aussage.

R 1.1.5 | Die **Negation** $\bar{A}$ der Aussage A ist wahr, wenn A falsch ist. Sie ist falsch, wenn A wahr ist.

B 1.1.6 *Die Negationen der Aussagen aus* B 1.1.3 *sind*
a) „16 ist keine ungerade Zahl."
b) „$3^2 \neq 9$."
c) „Die Erde ist keine Scheibe."
d) „Oslo ist nicht die Hauptstadt von Norwegen."

Es gibt Sätze, die Leerstellen oder Variablen enthalten und erst durch Ausfüllen der Leerstelle oder Einsetzen eines bestimmten Wertes oder Wortes für die Variable zu einer Aussage werden.

B 1.1.7 *„x ist durch 3 teilbar" ist ein Satz, der erst durch Einsetzen einer bestimmten Zahl für x zu einer Aussage wird. Die Aussage ist z.B. wahr für $x = 6$ und falsch für $x = 11$.*

D 1.1.8 Eine **Aussageform** $A(x)$ ist ein Satz mit wenigstens einer Leerstelle oder **Variablen**, der durch Einsetzen in die Leerstelle bzw. für die Variable zu einer Aussage wird.

B 1.1.9 *a) „$x = 4$" wird durch Einsetzen einer reellen Zahl für x zu einer Aussage.*
b) „x ist Mitglied einer Partei" wird durch Einsetzen eines Namens für x zu einer Aussage.

Die Elemente, die sinnvoll in die Aussageform eingesetzt werden können, ergeben die **Grundmenge** oder **Definitionsmenge** $\mathbb{D}$. Die Elemente der Grundmenge, für die die Aussage wahr wird, ergeben die **Lösungsmenge** $\mathbb{L}$.

B 1.1.10 *a) Als Grundmenge der Aussageform „x ist eine deutsche Großstadt" kommen z.B. alle Orte auf der Erde oder in Deutschland in Frage. Aber Vornamen oder Zahlen sind sinnlos, da z.B. „8 ist eine deutsche Großstadt" ein unsinniger Satz ist.*
b) Als Grundmenge für „$x^2 = 9$" kommen alle reellen Zahlen oder alle ganzen Zahlen infrage. Zur Lösungsmenge gehören die beiden Zahlen +3 und −3.

Ü 1.1.11 *Geben Sie sinnvolle Definitionsmengen und die Lösungsmengen an.* **a)** *„$x^2 = 16$".* **b)** *„x ist ein Nachbarstaat Hamburgs" (d.h. ein Bundesland, das mit Hamburg eine Grenze gemeinsam hat).*

1.2 Verknüpfungen von Aussagen

Aussagen können zu **zusammengesetzten** Aussagen verknüpft werden.

D 1.2.1 Die **Konjunktion** $A \wedge B$ (lies: A und B) ist wahr, wenn sowohl A als auch B wahr ist. Sie ist falsch, wenn wenigstens eine der beiden Aussagen falsch ist.

Das logische „und" ($\wedge$) ist also als „sowohl... als auch..." zu verstehen.

B 1.2.2 *Die Aussage „Paul studiert Informatik und spielt Fußball“ ist wahr, wenn Paul sowohl Informatik studiert als auch Fußball spielt. Studiert er nicht Informatik oder spielt er nicht Fußball, ist die Aussage falsch.*

D 1.2.3

> Die **Disjunktion** $A \vee B$ (lies: A oder B) ist wahr, wenn wenigstens eine der beiden Aussagen wahr ist. Sie ist falsch, wenn beide Aussagen falsch sind.

Das logische „oder“ ($\vee$) ist als „entweder A oder B oder beides“ zu verstehen und nicht im Sinne des umgangssprachlichen „entweder A (dann aber nicht B) oder B (dann aber nicht A)“. Das logische „oder“ ($\vee$) wird deshalb auch als „inklusiv-oder“ bezeichnet im Gegensatz zum „exklusiv-oder“, welches hier als „entweder... oder... “ geschrieben wird.

B 1.2.4 *a) In der Aussage „Paul studiert in Braunschweig oder in München“ hat das „oder“ die Bedeutung des „exklusiv-oder“, da er nicht gleichzeitig in zwei Orten studieren kann.*
b) Die Aussage „Paul fährt einen Wagen mit mehr als 2500 cm^3 *Hubraum oder mehr als* 80 *kW“ benutzt das „oder“ als „inklusiv-oder“, da ein Auto sowohl mehr als* 2500 cm^3 *als auch mehr als* 80 *kW haben kann.*

Ü 1.2.5 *Geben Sie zu den folgenden Sätzen an, ob es sich um Verknüpfungen mit „inklusiv-oder“ oder mit „exklusiv-oder“ handelt.*

a) *Paul hat rote oder braune Haare.*
b) *Franz bekommt in Mathematik eine „2“ oder eine „3“.*
c) *Ein Los einer Lotterie mit nummerierten Losen gewinnt, wenn in einem Feld „Gewinn“ steht oder wenn die Losnummer auf „37“ endet.*
d) 8 *ist eine ungerade Zahl oder ein Quadrat hat vier rechte Winkel.*

Häufig werden Aussagen in der Form „wenn A, dann B“ verknüpft. Man sagt dann auch „aus A folgt B“ oder „A impliziert B“.

B 1.2.6 *a) Wenn ich durch den Regen gehe, dann werde ich nass.*
b) Wenn eine Zahl durch 4 *teilbar ist, dann ist sie auch durch* 2 *teilbar.*

D 1.2.7

> Die **Implikation** oder Folgerung $A \Rightarrow B$ ist falsch, wenn A wahr und B falsch ist. In allen anderen Fällen ist sie wahr. A heißt **hinreichende** Bedingung für B und B **notwendige** Bedingung für A.

Die Implikation kann auch auf Aussageformen angewendet werden.

B 1.2.8 *Es sei A = „x ist durch 4 teilbar“ und B = „x ist durch 2 teilbar“. $A \Rightarrow B$ bedeutet dann: wenn A wahr ist, so auch B, d.h. A ist „hinreichend“ für B.* **Jede** *durch 4 teilbare Zahl ist auch durch 2 teilbar. Wenn B falsch ist, so auch A. Damit A wahr sein kann, muss auch B wahr sein. B ist „notwendig“ für A. Nur gerade (durch 2 teilbare) Zahlen können durch 4 teilbar sein. Ist eine Zahl ungerade, kann sie nicht durch 4 teilbar sein. Dass B wahr ist, reicht aber für „A ist wahr“ nicht aus. Es gibt gerade Zahlen, die nicht durch 4 teilbar sind.*

D 1.2.9 Gilt $A \Rightarrow B$ und $B \Rightarrow A$, so heißen A und B **äquivalent** und man schreibt $A \Leftrightarrow B$.

Der Wahrheitsgehalt der Verknüpfung von Aussagen kann mit Hilfe so genannter Wahrheitstafeln übersichtlich dargestellt werden.

A	B	$A \wedge B$	$A \vee B$	Entweder A oder B	$A \Rightarrow B$	$A \Leftrightarrow B$
w	w	w	w	f	w	w
w	f	f	w	w	f	f
f	w	f	w	w	w	f
f	f	f	f	f	w	w

Ü 1.2.10 *Verknüpfen Sie die folgenden Aussagen bzw. Aussageformen durch $\Rightarrow$ oder $\Leftrightarrow$.*

a) *A: x ist eine gerade Zahl. B: x ist durch 2 teilbar.*

b) *A: x ist durch 3 teilbar. B: x ist durch 6 teilbar.*

c) *A: Paul wohnt in München. B: Paul wohnt in der Bundesrepublik Deutschland.*

d) *A: Franz verreist ins Ausland. B: Franz fährt nach China.*

e) *A: Das Dreieck D hat drei gleich große Winkel. B: Das Dreieck D ist gleichseitig.*

2 Zahlen

2.1 Zahlbegriffe

Für die späteren Kapitel werden verschiedene Zahlbegriffe benötigt, die hier kurz zusammengestellt sind. Auf Einzelheiten wird verzichtet.

Natürliche Zahlen

Die Zahlen $1, 2, 3, 4, 5, \ldots$, die man beim Abzählen irgendwelcher Gegenstände verwendet, heißen natürliche Zahlen. Die Gesamtheit der natürlichen Zahlen wird mit $\mathbb{N}$ bezeichnet. (Manchmal wird zu $\mathbb{N}$ auch die Null hinzugenommen. Man schreibt dann auch $\mathbb{N}_0$.)

Die natürlichen Zahlen $2, 4, 6, 8, \ldots$, die ohne Rest durch 2 teilbar sind, sind die **geraden** und $1, 3, 5, 7, \ldots$ die **ungeraden** Zahlen. Ist n eine beliebige natürliche Zahl, so ist $2n$ eine gerade und $2n+1$ eine ungerade Zahl. $2n$ bzw. $2n+1$ werden deshalb allgemein für die Bezeichnung gerader bzw. ungerader Zahlen verwendet.

Ganze Zahlen

Die Zahlen $\ldots, -4, -3, -2, -1, 0, 1, 2, 3, 4, 5, \ldots$ heißen ganze Zahlen. Die Gesamtheit der ganzen Zahlen wird meistens mit $\mathbb{Z}$ bezeichnet. Zu den ganzen Zahlen gehören alle natürlichen Zahlen. Die Unterscheidung in gerade und ungerade Zahlen kann man auch bei den ganzen Zahlen treffen.

Rationale Zahlen

Die Zahlen, die sich als Quotient $\frac{p}{q}$ zweier ganzer Zahlen p und q $(q \neq 0)$ darstellen lassen, heißen rationale Zahlen. Die Gesamtheit der rationalen Zahlen wird mit $\mathbb{Q}$ bezeichnet. Alle ganzen Zahlen gehören zu den rationalen Zahlen (z.B. $\frac{4}{2} = 2$ oder $\frac{15}{3} = 5$). Rationale Zahlen können als Bruch zweier ganzer Zahlen $(\frac{p}{q})$ oder als Dezimalbruch geschrieben werden (z.B. $0,625 = \frac{5}{8}$ oder $4,25 = \frac{17}{4}$). Die Dezimalbrüche können endlich (s.o.) oder unendlich-periodisch sein. Unendlich-periodische Dezimalbrüche haben eine sich unendlich oft wiederholende Ziffernfolge (z.B. $\frac{2}{3} = 0{,}666\ldots = 0,\bar{6}$ oder $\frac{4}{7} = 0{,}571428571428\ldots = 0,\overline{571428}$).

Reelle Zahlen

Zahlen, die sich nicht als Quotienten zweier ganzer Zahlen darstellen lassen, heißen **irrationale Zahlen**. Sie ergeben immer **unendliche, nichtperiodische Dezimalbrüche.** Irrationale Zahlen sind z.B. $\sqrt{2}, \sqrt{3}, \pi$. Auf Einzelheiten dazu kann nicht eingegangen werden. (Vgl. dazu z.B. Band I der Mathematik für Wirtschaftswissenschaftler, wo in Beispiel 3.3.13 gezeigt wird, dass $\sqrt{2}$ nicht rational ist.) Rationale und irrationale Zahlen zusammen ergeben die reellen Zahlen, die mit $\mathbb{R}$ bezeichnet werden.

Den hierarchischen Aufbau des Zahlensystems verdeutlicht die folgende Figur 2.1.1.

Natürliche Zahlen $\mathbb{N}$

Ganze Zahlen $\mathbb{Z}$
Natürliche Zahlen erweitert um ganze Negative und 0

Rationale Zahlen $\mathbb{Q}$
Ganze Zahlen erweitert um Brüche

Reelle Zahlen $\mathbb{R}$
Rationale Zahlen erweitert um irrationale Zahlen

F 2.1.1 Aufbau des Zahlensystems

Zahlen können zeichnerisch auf der sogenannten **Zahlengeraden** veranschaulicht werden (Figur 2.1.2). Die ganzen Zahlen entsprechen den Strichen der Skaleneinteilung. Rationale und irrationale Zahlen entsprechen Punkten auf der Zahlengeraden.

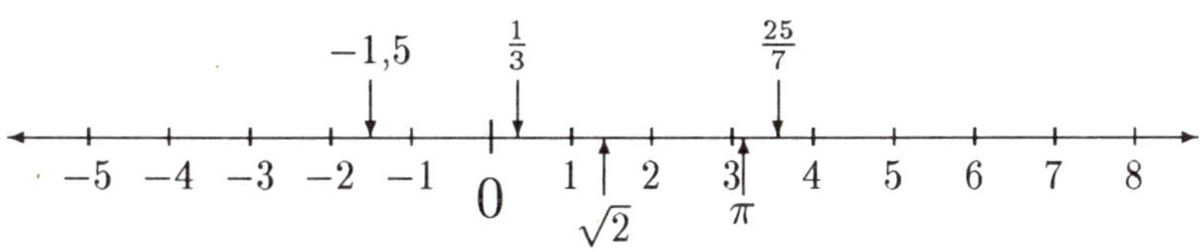

F 2.1.2 Zahlengerade

2.2 Zahlenarten

Zahlen wie 3; 2,7; $\frac{12}{7}$; $\sqrt{2}$ heißen **bestimmte Zahlen**. Vielfach beziehen sich mathematische Rechenoperationen aber auf **allgemeine Zahlensymbole** oder **allgemeine Zahlen**. Dafür werden meistens kleine Buchstaben des lateinischen Alphabets verwendet: a, b, c usw.

Zahlen sind häufig bestimmten Sachverhalten zugeordnet. Sie heißen dann **benannte Zahlen**. Zu solchen Zahlen gehört die Angabe einer **Dimension**.

B 2.2.1 *a) Gewicht eines Paketes:* 3,7 *kg .*
b) Einkommen eines Arbeiters: 3580 *EURO/Monat.*

Sind Missverständnisse ausgeschlossen, verzichtet man auf die Angabe der Dimension.

Zahlen, denen nicht irgendein Sachverhalt zugeordnet ist, heißen **unbenannte Zahlen**.

3 Grundbegriffe aus der Mengenlehre

In den nachfolgenden Kapiteln werden häufig Symbole und Bezeichnungsweisen aus der **Mengenlehre** verwendet. Dazu werden in diesem Kapitel die notwendigen Grundbegriffe behandelt. Eine ausführliche und weitergehende Darstellung enthält Kapitel 4 von Band I der Mathematik für Wirtschaftswissenschaftler.

3.0 Vortest

Ü 3.0.1 *Wie wird die leere Menge bzw. Nullmenge bezeichnet?*

Ü 3.0.2 *Schreiben Sie die folgende Menge unter Aufzählung der Elemente und unter Verwendung einer Variablen mit Angabe einer die Elemente charakterisierenden Eigenschaft.*
„Die Menge A aller natürlichen Zahlen von 2 bis 8.“

Ü 3.0.3 *Geben Sie die Potenzmenge zu* $A = \{1, 2, 3\}$ *an.*

Ü 3.0.4 *Gegeben sind die Mengen* $A = \{a, b, c, d, e\}$, $B = \{c, d, e, f\}$ *und* $C = \{f, g, h\}$. *Bestimmen Sie:* **a)** $A \cap B$; **b)** $A \cap C$; **c)** $A \cup B$; **d)** $A \setminus B$; **e)** $B \setminus A$.

3.1 Begriff der Menge

Nach CANTOR wird eine Menge folgendermaßen definiert:

D 3.1.1

Eine **Menge** ist eine Zusammenfassung bestimmter, wohlunterschiedener Objekte unserer Anschauung oder unseres Denkens, wobei von jedem dieser Objekte eindeutig feststeht, ob es zur Menge gehört oder nicht. Die Objekte heißen **Elemente** der Menge.

B 3.1.2 *Beispiele für Mengen sind:*
a) Die Gesamtheit der Buchstaben des lateinischen Alphabets.
b) Die Gesamtheit der am 31.12.02 *in Braunschweig wohnenden Menschen.*
c) Die Gesamtheit der Freundinnen des Studenten Paul.
d) Die Gesamtheit aller im Jahre 2002 *in einem Betrieb erzeugten Produkte.*

Es ist zu beachten, dass die Elemente einer Menge **wohlunterschieden** sein müssen.

B 3.1.3 *Die Menge der Buchstaben des Wortes „Mengenlehre" enthält also die Elemente M,e,g,h,l,n,r. Die mehrfach vorkommenden Buchstaben e und n werden in der Menge nur einmal angeführt, da die Elemente „wohlunterschieden" sein müssen.*

Mengen werden meistens mit großen und ihre Elemente mit kleinen lateinischen Buchstaben bezeichnet.

Ist ein Objekt a Element der Menge A, so schreibt man

$a \in A$ oder $A \ni a$

(lies: „a ist Elemente von A", oder kurz: „a Element A"). Ist b nicht als Element in der Menge A enthalten, so schreibt man

$b \notin A$ oder $A \not\ni b$

(lies: „b ist nicht Element von A", oder kurz: „b nicht Element A").

Können die Elemente einer Menge vollständig angegeben werden, dann erfolgt die **Beschreibung der Menge durch Aufzählung ihrer Elemente**. Dazu schreibt man die Elemente der Menge, durch Kommata getrennt, zwischen zwei geschweifte Klammern.

B 3.1.4 *a) Menge M der Buchstaben des Wortes Mengenlehre:* $M = \{M, e, g, h, l, n, r\}$;
b) Menge V der Vokale des lateinischen Alphabets: $V = \{a, e, i, o, u\}$;
c) Menge W der möglichen Ergebnisse beim Würfeln mit einem Würfel: $W = \{1, 2, 3, 4, 5, 6\}$.

Mitunter begnügt man sich mit der Angabe der ersten Elemente einer Menge, wobei darauf zu achten ist, dass Missverständnisse ausgeschlossen sind.

B 3.1.5 *Für die Menge A der Buchstaben des lateinischen Alphabets kann man z.B. schreiben* $A = \{a, b, c, d, e, f, \ldots\}$.

Eine andere Möglichkeit zur Beschreibung von Mengen ist die **Verwendung einer Variablen** (= allgemeines Element) und **die Angabe einer die Elemente charakterisierenden Eigenschaft**.

B 3.1.6 *a) Für die Menge der Vokale des lateinischen Alphabets schreibt man dann* $V = \{x \mid x \text{ ist ein Vokal des lateinischen Alphabets}\}$ *(lies: „V ist die Menge aller x mit der Eigenschaft: x ist ...“).*
Bezeichnet A die Menge der Buchstaben des lateinischen Alphabets, so kann man auch schreiben
$V = \{x \mid (x \in A) \wedge (x \text{ ist ein Vokal})\}$ *oder*
$V = \{x \in A \mid x \text{ ist ein Vokal}\}$.
(lies: „V ist die Menge aller x aus A mit der Eigenschaft: x ist ein Vokal.“)
Sind Missverständnisse ausgeschlossen, so kann man die Klammern auch weglassen und schreibt statt $(x \in A) \wedge (x \text{ ist ein Vokal})$ *nur* $x \in A \wedge x \text{ ist ein Vokal}$.

b) Für die Menge der ersten 10 natürlichen Zahlen kann man schreiben $\{1, 2, 3, 4, 5, 6, 7, 8, 9, 10\}$ *oder* $\{x \mid x \in \mathbb{N} \wedge x \leq 10\}$ *oder* $\{x \in \mathbb{N} \mid x \leq 10\}$.

Ü 3.1.7 *Schreiben Sie die folgenden Mengen unter Verwendung einer Variablen und Angabe einer die Elemente charakterisierenden Eigenschaft.* **a)** $G = \{4, 5, 6, 7, 8, 9\}$; **b)** $H = \{2, 4, 6, 8, 10\}$; **c)** $J = \{1, 4, 9\}$; **d)** $K = \{4, 5, 6, 10, 11, 12, 13, \ldots\}$.

D 3.1.8

Eine Menge, die kein Element enthält, heißt **leere Menge** oder **Nullmenge** und wird mit $\emptyset$ oder $\{\}$ bezeichnet.

Es ist zu beachten, dass $\{\emptyset\}$ **nicht** die leere Menge ist, sondern eine Menge mit einem Element, und zwar der leeren Menge.

Ergänzende Aufgaben

Ü 3.1.9 *Schreiben Sie die folgenden Mengen durch Aufzählen der Elemente*
a) $D = \{x \mid (x \in \mathbb{N}) \wedge (3 \leq x \leq 8)\}$;
b) $E = \{x \in \mathbb{N} \mid (x \leq 5) \vee (12 \leq x \leq 14)\}$;
c) $F = \{x \mid x \text{ ist ein Umlaut des lateinischen Alphabets}\}$.

Ü 3.1.10 *Schreiben Sie die folgenden Mengen unter Aufzählung der Elemente und/oder Verwendung einer Variablen und Angabe einer die Elemente charakterisierenden Eigenschaft.*
a) *Menge A der fünf letzten Buchstaben des lateinischen Alphabets.*
b) *Menge B aller ganzen Zahlen von 1 bis 12.*
c) *Menge C aller PKW's eines bestimmten Typs.*

3.2 Beziehungen zwischen Mengen

D 3.2.1 Zwei Mengen A und B sind **gleich** ($A = B$), wenn jedes Element aus A auch Element aus B ist und umgekehrt.

D 3.2.2 Ist jedes Element der Menge A auch in der Menge B enthalten, so ist A **Teilmenge** oder **Untermenge** von B. Man sagt auch, A ist in B enthalten und schreibt $A \subset B$ oder $B \supset A$.

Ist A Teilmenge von B, so ist B **Obermenge** von A, und man sagt B enthält A.

B 3.2.3 *Die Menge K der Konsonanten des lateinischen Alphabets ist eine Teilmenge der Menge A aller Buchstaben des lateinischen Alphabets:*
$K \subset A$.

Ü 3.2.4 *Gegeben sind die folgenden Mengen*
$A = \{1, 2, 3, 4, 5, 6, 7, 8, 9, 10, 11, 12\}$
$B = \{x \mid x \text{ ist eine ganze Zahl und } x^2 \leq 20\}$
$C = \{-5, -4, -3, -2, -1, 0, 1, 2, 3, 4, 5\}$
$D = \{x \mid x \text{ ist eine ganze Zahl und } 3 \leq x \leq 5\}$
Geben Sie alle Teilmengenbeziehungen an.

R 3.2.5
a) Jede Menge A ist Teilmenge von sich selbst: $A \subset A$,
b) Für alle Mengen A gilt: $\emptyset \subset A$.

Gilt für $A \subset B$ auch $A \neq B$, so heißt A auch **echte** Teilmenge von B. Die Unterscheidung zwischen Teilmenge und echter Teilmenge kann durch $\subseteq$ und $\subset$, ähnlich wie $\leq$ und $<$, erfolgen. Darauf wird hier verzichtet.

D 3.2.6 Die **Menge aller Teilmengen** einer Menge A heißt **Potenzmenge** $\wp$(A) und hat 2^n Elemente, wenn A n Elemente hat.

B 3.2.7 *Die Menge $A = \{a, b, c\}$ hat die*
Potenzmenge $\wp(A) = \{\{a\}, \{b\}, \{c\}, \{a, b\}, \{a, c\}, \{b, c\}, A, \emptyset\}$.

Ü 3.2.8 *Geben Sie die Potenzmenge zu $B = \{1, *, a\}$ und $A = \{x, y, z, u\}$ an.*

3.3 Mengenoperationen

Mengen können durch bestimmte Rechenoperationen oder Mengenoperationen zu neuen Mengen verknüpft werden.

D 3.3.1

Als **Durchschnitt** oder **Schnittmenge** $A \cap B$ der Mengen A und B wird die Menge aller Elemente bezeichnet, die sowohl in A als auch in B enthalten sind: $A \cap B = \{x \mid (x \in A) \wedge (x \in B)\}$.

($A \cap B$ lies: „A geschnitten B", „A durchschnitten B" oder „Durchschnitt von A und B").

B 3.3.2 *a)* $A = \{a, b, c, d, e\}$, $V = \{a, e, i, o, u\}$, $A \cap V = \{a, e\}$.
b) $B = \{1, 2, 3, 4, 5, 6\}$, $C = \{2, 4, 6, 8, 10\}$, $B \cap C = \{2, 4, 6\}$.
c) $D = \{a, b, c\}$, $E = \{1, 3\}$, $D \cap E = \emptyset$.

Ü 3.3.3 $A = \{1, 2, 3, 4, 5, 6, 7, 8\}$, $B = \{2, 4, 8, 12, 16\}$,
$C = \{x \mid (x \in \mathbb{Z}) \wedge (x > 4)\}, D = \{1, 7, 9\}$.
Bestimmen Sie **a)** $A \cap B$; **b)** $A \cap C$; **c)** $B \cap D$; **d)** $B \cap C$.

D 3.3.4

Haben die Mengen A und B kein gemeinsames Element, so heißen sie **elementefremd** oder **disjunkt**.

Durchschnitt zweier disjunkter Mengen ist die leere Menge (B 3.3.2 c).

Mengenoperationen lassen sich grafisch mit Hilfe so genannter **Venndiagramme** durch Darstellung von Mengen als Flächen veranschaulichen.

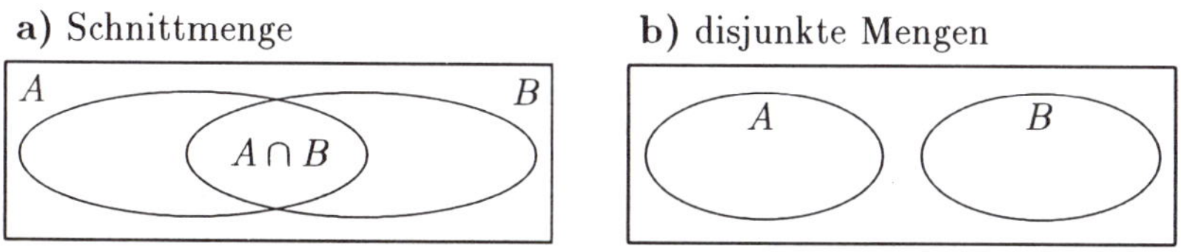

F 3.3.5 Schnittmenge und disjunkte Mengen

D 3.3.6

Als **Vereinigung** oder **Vereinigungsmenge** $A \cup B$ der Mengen A und B wird die Menge aller Elemente bezeichnet, die in A oder in B oder in beiden Mengen enthalten sind $A \cup B = \{x \mid (x \in A) \vee (x \in B)\}$.

($A \cup B$ lies: „A vereinigt B" oder „Vereinigung von A und B").

B 3.3.7 *a)* $A = \{1, 2, 3, 4\}$, $B = \{2, 4, 6\}$, $A \cup B = \{1, 2, 3, 4, 6\}$;
b) $K = \{x \mid x \text{ ist ein Konsonant des lateinischen Alphabets}\}$
$V = \{x \mid x \text{ ist ein Vokal des lateinischen Alphabets}\}$
$K \cup V = \{x \mid x \text{ ist ein Buchstabe des lateinischen Alphabets}\}$.

Ü 3.3.8 $A = \{a, b, c\}$, $B = \{b, c, d, f\}$, $C = \{a, c, e\}$
Bestimmen Sie **a)** $A \cup B$; **b)** $A \cup C$; **c)** $B \cup C$.

D 3.3.9 Als **Differenz** $A \setminus B$ der Mengen A und B wird die Menge aller Elemente von A bezeichnet, die nicht in B enthalten sind
$A \setminus B = \{x \mid (x \in A) \wedge (x \notin B)\}$.

B 3.3.10 *a)* $A = \{5, 6, 7, 8, 9, 10\}$, $B = \{4, 5, 6, 7\}$
$A \setminus B = \{8, 9, 10\}$ *und* $B \setminus A = \{4\}$;
b) $A = \{x \mid x \text{ ist ein Buchstabe des lateinischen Alphabets}\}$
$V = \{x \mid x \text{ ist ein Vokal des lateinischen Alphabets}\}$
$A \setminus V = \{x \mid x \text{ ist ein Konsonant des lateinischen Alphabets}\}$
$V \setminus A = \emptyset$.

Ü 3.3.11 $A = \{a, b, c, d, e\}$, $B = \{a, e, i, o, u\}$, $C = \{u, v, w\}$.
Bestimmen Sie **a)** $A \setminus B$; **b)** $B \setminus A$; **c)** $A \setminus C$; **d)** $B \setminus C$.

a) Vereinigungsmenge

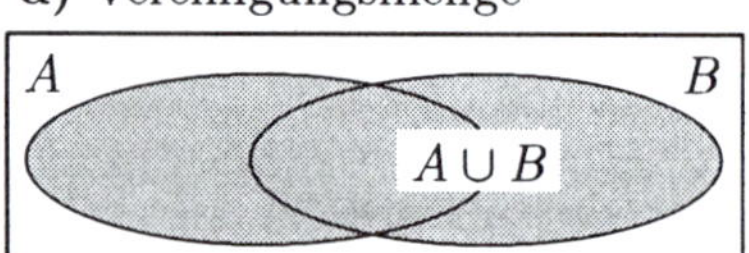

b) Differenz von Mengen

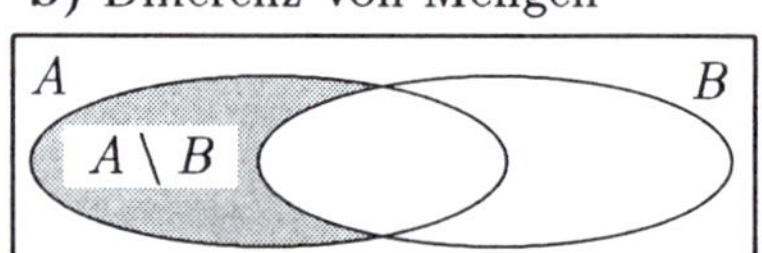

F 3.3.12 Vereinigungsmenge und Differenz von Mengen

D 3.3.13 Es sei A eine Teilmenge von B ($A \subset B$). Als **Komplement** oder **Komplementärmenge** $\bar{A}$ von A bezüglich B wird die Menge aller Elemente aus B bezeichnet, die nicht in A enthalten sind
$\bar{A} = B \setminus A$ für $A \subset B$.

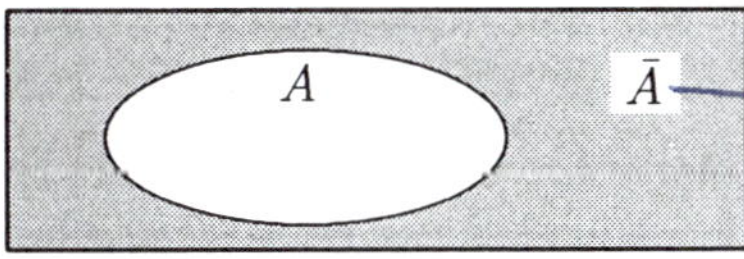

F 3.3.14 Komplement einer Menge

Das Komplement ist also eine spezielle Differenz. Sofern Zweifel bestehen können, auf welche Menge (man sagt auch „Obermenge") sich das Komplement bezieht, ist diese Menge anzugeben: $\bar{A}_B$. Manchmal wird für das Komplement auch $\mathcal{C}$ A oder $\mathcal{C}_{\mathcal{B}}$ A geschrieben.

Ü 3.3.15 $A = \{3, 4, 5, 6\}$, $B = \{x \mid (x \in \mathbb{N}) \wedge (x > 4)\}$,
$C = \{x \mid (x \in \mathbb{N}) \wedge (x \leq 10)\}$.
Bestimmen Sie **a)** $A \cap B$; **b)** $A \cap C$; **c)** $C \setminus B$; **d)** $A \cup C$; **e)** $\bar{B}_{\mathbb{N}}$;
f) $B \setminus C$; **g)** $B \cup C$; **h)** $\bar{C}_{\mathbb{N}}$.

Ergänzende Aufgaben

Ü 3.3.16 $E = \{a, b, c, d, e\}$, $F = \{d, e, f, g\}$
$K = \{x \mid x \textit{ ist ein Konsonant des lateinischen Alphabets}\}$
Bestimmen Sie **a)** $E \cap F$; **b)** $E \cap K$; **c)** $F \cap K$.

Ü 3.3.17 *Die folgenden Mengen beziehen sich auf ganze Zahlen:*
$A = \{x \mid 1 \leq x \leq 6\}$, $B = \{x \mid x \leq 4\}$,
$C = \{x \mid 4 \leq x \leq 8\}$, $D = \{x \mid x \geq 2\}$,
Bestimmen Sie **a)** $A \cup B$; **b)** $B \cup C$; **c)** $B \cup D$; **d)** $D \cup A$.

Ü 3.3.18 $A = \{1, 2, 4, 6\}$, $B = \{3, 4, 5\}$,
$C = \{x \mid (x \in \mathbb{N}) \wedge (1 \leq x < 10)\}$.
Bestimmen Sie **a)** $A \setminus B$; **b)** $B \setminus A$; **c)** $C \setminus A$; **d)** $A \setminus C$.

Ü 3.3.19 $E = \{x \in \mathbb{N} \mid x \leq 5\}$, $F = \{x \in \mathbb{N} \mid 3 \leq x \leq 10)\}$,
$G = \{x \in \mathbb{N} \mid x > 10\}$.
Bestimmen Sie **a)** $E \cup F$; **b)** $E \cup G$; **c)** $\bar{F}_{\mathbb{N}}$; **d)** $E \cap F$; **e)** $F \cap G$;
f) $\bar{E}_{\mathbb{N}}$; **g)** $E \setminus F$; **h)** $F \cup G$; **j)** $F \setminus E$.

4 Grundlagen der Arithmetik

4.0 Vortest

Ü 4.0.1 *Lösen Sie die Klammern auf und fassen Sie zusammen:* **a)** $u - 2v - (3u - (2v + 4u))$; **b)** $x - (y - (x - y))$.

Ü 4.0.2 *Klammern Sie aus:* **a)** $12bcg - 20abc + 8bcd$; **b)** $6au - 2av + 6bu - 2bv$; **c)** $ax - ay + bx - by$.

Ü 4.0.3 *Multiplizieren Sie aus:* **a)** $2c(3a - 4b)$; **b)** $(2a - 3b)(4x - y)$; **c)** $(a + b - c)(a - b + c)$.

Ü 4.0.4 *Dividieren Sie:* **a)** $(12acx - 8cy) : 4c$; **b)** $(3ax - 2ay + 3bx - 2by) : (a + b)$; **c)** $(x^2 + 2x^2y + 3xy + 4xy^2 + 2y^2) : (x + 2y)$.

Ü 4.0.5 *Bestimmen Sie:* **a)** $(a + b)^2$; **b)** $(a - b)^2$; **c)** $(a + b)(a - b)$.

Ü 4.0.6 *Bestimmen Sie die quadratische Ergänzung:* **a)** $9a^2 + 24ab$; **b)** $4a^2 - 20ab$.

Ü 4.0.7 *Zerlegen Sie in Primfaktoren:* **a)** 1260; **b)** 11550.

Ü 4.0.8 *Bestimmen Sie den größten gemeinsamen Teiler (g.g.T.) und das kleinste gemeinsame Vielfache (k.g.V.) von* 420 *und* 150.

Ü 4.0.9 *Schreiben Sie als Dezimalbruch:* **a)** $\frac{5}{8}$; **b)** $\frac{2}{11}$.

Ü 4.0.10 *Kürzen Sie:* **a)** $\frac{6a+4ab}{8a+4ac}$; **b)** $\frac{15xz-12xy}{9ux-18vx}$.

Ü 4.0.11 *Addieren Sie:* **a)** $\frac{1}{9} + \frac{1}{7}$; **b)** $\frac{a}{b} + \frac{b}{a}$.

Ü 4.0.12 *Berechnen Sie:* $\frac{24abc}{5xyz} : \frac{18ac}{15xy}$.

4.1 Die vier Grundrechenarten

Die Rechenoperationen „+“, „−“, „·“ und „:“ bezeichnet man als **Grundrechenarten**. Für ihre Durchführung gelten folgende **Bezeichnungsweisen**:

Addition $a + b = c$

Summand	plus	Summand	gleich	Summe
a	+	b	=	c

Subtraktion $a - b = c$

Minuend	minus	Subtrahend	gleich	Differenz
a	−	b	=	c

Multiplikation $a \cdot b = c$

Faktor	mal	Faktor	gleich	Produkt
a	·	b	=	c

Als Malzeichen wird statt „·“ manchmal auch „×“ oder „∗“ verwendet. Bei allgemeinen Zahlen kann man auf das Malzeichen in Produkten auch verzichten, also ab statt $a \cdot b$.

Division $a : b = c$ oder $\frac{a}{b} = c$;

Dividend	durch	Divisor	gleich	Quotient
oder				
Zähler	durch	Nenner	gleich	Bruch
a	:	b	=	c

Die Subtraktion kann als Addition einer negativen Zahl aufgefasst werden: $a - b = a + (-b)$.

Einen algebraischen Ausdruck, in dem Zahlen nur durch + und/oder − verknüpft werden, bezeichnet man deshalb meistens als Summe.

Die Division $a : b$ kann als Multiplikation des Zählers a mit dem Inversen $\frac{1}{b}$ des Nenners aufgefasst werden:
$a : b = a \cdot \frac{1}{b}$.

4.2 Das Rechnen mit Klammern

In algebraischen Ausdrücken, in denen mehrere Zahlen durch verschiedene Grundrechenarten verknüpft werden, gilt **Punktrechnung geht vor Strichrechnung**, d.h. erst sind „·“ und „:“ und dann „+“ und „-“ auszuführen.

B 4.2.1 *a)* $4 + 6 \cdot 3 = 4 + 18 = 22$; *b)* $30 : 6 - 4 = 5 - 4 = 1$.

Abweichungen von dieser Regel kann man durch Verwendung von Klammern erreichen.

B 4.2.2 *(Vgl. hierzu* B 4.2.1)
a) $(4+6)\cdot 3 = 10\cdot 3 = 30$; *b)* $30:(6-4) = 30:2 = 15$.

Klammern werden auch in Summen verwendet. Dann gilt folgende Regel.

R 4.2.3

> In einer Summe kann eine Klammer, vor der ein „+“ steht, weggelassen werden. Eine Klammer, vor der ein „−“ steht, kann nur weggelassen werden, wenn alle Vorzeichen in der Klammer umgekehrt werden.

B 4.2.4 *a)* $a+(b+c-d) = a+b+c-d$; *b)* $e+f-(g-h+j) = e+f-g+h-j$;
c) $3a+4b-(2a-b) = 3a+4b-2a+b = a+5b$.

Ü 4.2.5 *Lösen Sie die Klammern auf und fassen Sie zusammen:*
a) $2a+(3b+c)$; **b)** $d-2e-(f-2g)$; **c)** $4a-2b-(4a-3b)$;
d) $5e+3x+(3x-4e)$; **e)** $2u-(u-v)-v$; **f)** $3a+b+(a-2b)$.

R 4.2.3 gilt auch für ineinander geschachtelte Klammern, die schrittweise aufzulösen sind.

B 4.2.6 *a)* $a-(b-(a+b)-a) = a-(b-a-b-a) = a-b+a+b+a = 3a$;
b) $2u+(2v-(u-2v)) = 2u+2v-(u-2v) = 2u+2v-u+2v = u+4v$.

Ü 4.2.7 *Lösen Sie die Klammern auf und fassen Sie zusammen:*
a) $2x-4y-(2x-(x+3y))$; **b)** $g+(2f-(g+2f))$;
c) $u-(v-(2u+(u-v)+v)-u)$; **d)** $a+b-(2a-(b+a)-b)$.

In Summen können auch Klammern gesetzt werden. Dabei ist auf richtige Vorzeichen zu achten.

B 4.2.8 *a)* $a+b+c = a+(b+c)$; *b)* $a+b-c = a+(b-c)$;
c) $a-b+c = a-(b-c)$; *d)* $a-b-c = a-(b+c)$.

Ü 4.2.9 *Setzen Sie an den durch ′ gekennzeichneten Stellen Klammern:*
a) $x+'y+z+v'$; **b)** $u-'v-w+x'$; **c)** $x-'u+v+w'$; **d)** $x-'y+'u-v'+z'$.

R 4.2.10

> Eine Zahl wird mit einer in Klammern geschriebenen Summe multipliziert, indem die Zahl mit jedem Summanden multipliziert wird und die Produkte addiert werden.

B 4.2.11 *a)* $x(4y + 8z) = 4xy + 8xz$; *b)* $(-c)(e - 2f) = -ce + 2cf$;
c) $(x - 3y)(-b) = -bx + 3by$.

Ü 4.2.12 *Multiplizieren Sie aus:*
a) $b(a - c)$; **b)** $(-x)(u + v)$; **c)** $2b(2a - 3c + 4d)$; **d)** $(4x - 0{,}5y)(-2u)$.

In vielen Fällen kommt es darauf an, die in R 4.2.10 beschriebene Rechenoperation umzukehren. In einer Summe wird ein in jedem Summanden enthaltener Faktor gesucht, der aus der Summe herauszuziehen ist. Man spricht hier von **Ausklammern**.

B 4.2.13 *a)* $3ab + 6ac + 12af = 3a(b + 2c + 4f)$; *b)* $4xy + 2xyz + 16uxy = 2xy(2 + z + 8u)$; *c)* $6uv - 24uvw + 18uvx = 6uv(1 - 4w + 3x)$.

Ist ein Summand mit dem auszuklammernden Faktor identisch, dann muss nach dem Ausklammern in der Klammer an dessen Stelle eine „1" stehen (vgl. dazu Beispiel 4.2.13c).

Ü 4.2.14 *Klammern Sie aus:*
a) $5ag + 20ab + 15ac$; **b)** $49xz - 14xu + 21xy$;
c) $8def - 4deg + 11ade$; **d)** $6ac - 12abc + 36acg - 18acx$.

R 4.2.15 Zwei in Klammern geschriebene Summen werden miteinander **multipliziert**, indem jeder Summand der einen Klammer mit jedem Summand der anderen Klammer multipliziert wird.

B 4.2.16 *a)* $(a + b)(c - d) = ac - ad + bc - bd$;
b) $(2x + 3y)(4u - 2v + 5w) = 8ux - 4vx + 10wx + 12uy - 6vy + 15wy$;
c) $(a + b)(c + d)(e - f) = (ac + ad + bc + bd)(e - f)$
$= ace - acf + ade - adf + bce - bcf + bde - bdf$.

Ü 4.2.17 *Multiplizieren Sie aus:*
a) $(x + 2y)(u - 3v)$; **b)** $(2a - 3b)(4c - 5d)$;
c) $(9a + 4b - 3c)(6u - 3x + 4z)$; **d)** $(4x - 2y)(3u + 2v)(a + b)$.

Beim Multiplizieren von Klammern sind gleichartige Ausdrücke gegebenenfalls zusammenzufassen.

B 4.2.18 *a)* $(2x - 3y)(4x + y) = 8x^2 + 2xy - 12xy - 3y^2 = 8x^2 - 10xy - 3y^2$;
b) $(4a - 3b + c)(2a + 2b - 3c)$
$= 8a^2 + 8ab - 12ac - 6ab - 6b^2 + 9bc + 2ac + 2bc - 3c^2$
$= 8a^2 - 6b^2 - 3c^2 + 2ab - 10ac + 11bc$.

Ü 4.2.19 *Multiplizieren Sie aus:*
a) $(4a + 3b)(8a - 6b)$; **b)** $(5u - 3v)(2u + 4v)$; **c)** $(x - y + z)(x + y - z)$.

Aus Summen können auch Klammerausdrücke ausgeklammert werden. Das entspricht der Umkehrung von R 4.2.15. Beim Ausklammern geht man schrittweise vor, indem man zunächst gemeinsame Faktoren einzelner (**nicht** aller) Summanden ausklammert.

B 4.2.20 *a)* $ac + ad + bc + bd = a(c + d) + b(c + d) = (a + b)(c + d)$;
b) $6ux - 15uy + 4vx - 10vy = 3u(2x - 5y) + 2v(2x - 5y)$
$= (3u + 2v)(2x - 5y)$;
c) $12ax - 18ay - 4bx + 6by = 6a(2x - 3y) - 2b(2x - 3y)$
$= (6a - 2b)(2x - 3y)$;
d) $4au + 8av - 2bu - 4aw - 4bv + 2bw = 4a(u + 2v - w) - 2b(u + 2v - w)$
$= (4a - 2b)(u + 2v - w)$.

Ü 4.2.21 *Klammern Sie aus:*
a) $8au - 6av + 4bu - 3bv$; **b)** $ax - 2ay - 2bx + 4by$;
c) $12uv - 3uy + 4vx - xy$; **d)** $2ab - 2bc + 2au - 2av - 2cu + 2cv$;
e) $14ax + 14az - 9by + 6bx - 21ay - 2cx + 3cy + 6bz - 2cz$.

R 4.2.22 Ist eine in Klammern stehende Summe durch eine Zahl zu **dividieren**, so kann jeder Summand einzeln durch diese Zahl dividiert werden.

B 4.2.23 *a)* $(4ab + 8ac) : 2a = 4ab : 2a + 8ac : 2a = 2b + 4c$;
b) $(6xy - 15ax + 9xz) : 3x = 2y - 5a + 3z$.

Ü 4.2.24 *Dividieren Sie:*
a) $(24ax - 12ay) : 6a$; **b)** $(28ux - 35vx + 14xy) : 7x$.

Die Division zweier Summen durcheinander kann mit Hilfe der so genannten **Partialdivision** erfolgen. Dabei geht man nach dem von der Division bestimmter Zahlen her bekannten Prinzip vor.

Die Summen aus allgemeinen Zahlen werden nach gleichen Kriterien geordnet, und zwar sinnvollerweise nach dem Alphabet und gegebenenfalls noch nach fallenden Potenzen. Es wird dann das erste Glied des Dividenden durch das erste Glied des Divisors dividiert. Der sich ergebende Quotient wird mit dem **ganzen** Divisor multipliziert und dieses Produkt vom Dividenden subtrahiert. Mit dem sich ergebenden Rest verfährt man in der gleichen Weise bis entweder die Division

siehe LS 11 Seite 100: Polynomdivision

ohne Rest aufgeht oder sich ein Rest ergibt. In den Teilen a) und b) des folgenden Beispiels finden sich nach dem senkrechten Strich einige zusätzliche Erläuterungen zu dem Verfahren.

B 4.2.25

a)

$$
\begin{array}{ll}
(ux-3uy-2vx+6vy):(u-2v)=x-3y & \quad |\ ux:u=x \\
-(ux\quad -2vx) & \\
\qquad -3uy\quad +6vy & \quad |\ -3uy:u=-3y \\
\qquad -(-3uy\quad +6vy) & \\
\qquad\qquad 0 &
\end{array}
$$

b)

$$
\begin{array}{ll}
(2a^2+4a^2b+7ab+2ab^2+3b^2):(2a+b)=a+2ab+3b & \quad |\ 2a^2:2a=a \\
-(2a^2\quad +ab) & \\
\qquad +4a^2b+6ab+2ab^2+3b^2 & \quad |\ 4a^2b:2a=2ab \\
\qquad -(+4a^2b\quad +2ab^2 & \\
\qquad\qquad +6ab\quad +3b^2 & \quad |\ 6ab:2a=3b \\
\qquad\qquad -(6ab\quad +3b^2) & \\
\qquad\qquad\qquad 0 &
\end{array}
$$

c)

$$
\begin{array}{l}
(3x^2-2x^2y+4xy^2-12y^2):(x-2y)=3x-2xy+6y \\
-(3x^2-6xy) \\
\qquad -2x^2y+6xy+4xy^2-12y^2 \\
\qquad -(-2x^2y+4xy^2) \\
\qquad\qquad 6xy-12y^2 \\
\qquad\qquad -(6xy-12y^2) \\
\qquad\qquad\qquad 0
\end{array}
$$

d)

$$
\begin{array}{l}
(ax-2ay-bx+3by):(a+b)=x-2y+\frac{-2bx+5by}{a+b} \\
-(ax\quad +bx) \\
\qquad -2ay-2bx+3by \\
\qquad -(-2ay\quad -2by) \\
\qquad\qquad -2bx+5by
\end{array}
$$

Die Division ist nicht ohne Rest durchführbar.

Ü 4.2.26 *Dividieren Sie:* **a)** $(3ax - 4ay + 3bx - 4by) : (a + b)$;
b) $(6u^2 - 4u^2v + 5uv + 2uv^2 - 4v^2) : (2u - v)$;
c) $(18x^2 - 15x^2y + 10xy^2 - 8y^2) : (3x - 2y)$;
d) $(4x^2 - 3x^2y + 3xy^2 - 4xy + 5xz - 3xyz - yz + z^2) : (x - y + z)$.

Ergänzende Aufgaben:

Ü 4.2.27 *Lösen Sie die Klammern auf und fassen Sie gegebenenfalls zusammen:*
a) $3a + (2b - 2a)$; **b)** $4x - (3x + y)$; **c)** $-2u + (3v + 4u)$;
d) $d - e - (d - e)$; **e)** $3c - 4a - (2a - 3c)$; **f)** $5a - (5a + b)$;
g) $4x - (3y + (z - 4x) - z)$; **h)** $5u - 6v - (3w - (6v - 5u + 3w))$;
j) $a - (b - (a + b - (c - 2a + b) + c))$;
k) $2z - (x - (y + x - (z + x) - z))$.

Ü 4.2.28 *Setzen Sie Klammern an den gekennzeichneten Stellen:*
a) $a +' c - d'$; **b)** $x -' u + v'$; **c)** $f -' e - d'$; **d)** $a -' c -' d - e' - f'$.

Ü 4.2.29 *Multiplizieren Sie aus:*
a) $2u(3a - 4c)$; **b)** $6y(2d + 3c)$; **c)** $5a(x - y)$; **d)** $(-3y)(-x - u)$.

Ü 4.2.30 *Klammern Sie aus:*
a) $28xz - 14xy + 35ux$; **b)** $48abc - 12ab + 36ac$;
c) $9bc + 27abc + 18bcd$; **d)** $15uvw + 18uv - 33uvx$.

Ü 4.2.31 *Multiplizieren Sie aus:*
a) $(2x - 3z)(4a - 2b)$; **b)** $(a + b + c)(d - e)$;
c) $(2a - 3b + 4c)(6u - 5v + 8w)$; **d)** $(5ab - 6c)(x + y - z)$;
e) $(2x - 3z)(4x + 5z)$; **f)** $(5a - b)(3a - 2b)$;
g) $(2u - 2v + 3w)(u + 4v - 6w)$; **h)** $(3a - b)(6x - 2y)(3x - b)$;
j) $(x - 3)(x + 2)(x - 1)$; **k)** $(2 - x + y)(y - 3)(2x + 2)$.

Ü 4.2.32 *Klammeren Sie aus:*
a) $2ux - uy + 6vx - 3vy$; **b)** $10ac + 6bc + 5ad + 3bd$;
c) $4ax - 12ay - 2cx + 6cy$; **d)** $au + az + dv - du - av - dz$;
e) $2ax + 3by - 2ay - 3bx + cx - cy$;
f) $ux - vy - wz + vx - wx - uy + wy + uz + vz$;
g) $ab - ay - 2bx + 3au - 6ux + 2xy$; **h)** $bx - by - ax + ay$;
j) $3xz + 6xy - 2y - z$; **k)** $8abcx - 2cx - 4ab + 1$.

Ü 4.2.33 *Dividieren Sie:*
a) $(12uv - 18uw + 6ux) : 3u$; **b)** $(7ax + 49ay) : 7a$;
c) $(24abc + 36acd - 18acx) : 3ac$.

Ü 4.2.34 *Dividieren Sie:*
a) $(6au - 4av - 6bu + 4bv) : (a - b)$;
b) $(12a^2 - 8a^2b + 29ab - 6ab^2 + 15b^2) : (4a + 3b)$;

c) $(18u^2 - 3u^2v + 2uv^2 - 8v^2) : (3u - 2v)$;
d) $(2a^2 - 8b^2 - 24bc - 18c^2) : (a - 2b - 3c)$;
e) $(20x^2 - 15x^2y + 27xy + 6xy^2 - 14y^2) : (5x - 2y)$;
f) $(16xy - 24y^2 + 8x^2z - 12xyz) : (4xz + 8y)$.

4.3 Binomische Formeln

Als Spezialfälle des Multiplizierens zweier Summen ergeben sich die Binomischen Formeln. Ein **Binom** ist eine Summe mit zwei Summanden, also z.B.: $x + y$, $u - v$ oder $2a - 3b$. Es gilt

R 4.3.1

$$(a + b)^2 = a^2 + 2ab + b^2;$$
$$(a - b)^2 = a^2 - 2ab + b^2;$$
$$(a + b)(a - b) = a^2 - b^2$$

Diese Formeln werden auch angewendet, wenn anstelle von a und b andere Zahlen stehen.

B 4.3.2 *a)* $(2x + 3y)^2 = 4x^2 + 12xy + 9y^2$;
b) $(5uv - 2w)^2 = 25u^2v^2 - 20uvw + 4w^2$;
c) $(4a + 3b)(4a - 3b) = 16a^2 - 9b^2$.

Ü 4.3.3 *Bestimmen Sie unter Verwendung der Binomischen Formeln:*
a) $(4a+b)^2$; **b)** $(5x-2z)^2$; **c)** $(2u+6v)(2u-6v)$; **d)** $(a-b)^2+(b-a)^2$;
e) $(a - b)^2 - (b - a)^2$.

Die Binomischen Formeln werden auch zum Rechnen mit bestimmten Zahlen verwendet. Sie dienen hier der Rechenvereinfachung. Dazu werden gegebene Zahlen in ein Binom zweier bestimmter Zahlen umgewandelt.

B 4.3.4 *a)* $52^2 = (50 + 2)^2 = 2.500 + 200 + 4 = 2.704$;
b) $79^2 = (80 - 1)^2 = 6.400 - 160 + 1 = 6.241$;
c) $5{,}2 \cdot 6{,}8 = (6 - 0{,}8)(6 + 0{,}8) = 36 - 0{,}64 = 35{,}36$.

Ü 4.3.5 *Berechnen Sie unter Verwendung binomischer Formeln:*
a) 91^2; **b)** 43^2; **c)** 54^2; **d)** 28^2, **e)** 99^2;
f) 48^2; **g)** $68 \cdot 72$; **h)** $89 \cdot 91$; **j)** $8{,}4 \cdot 9{,}6$; **k)** $81 \cdot 99$;
l) $59 \cdot 81$; **m)** $1{,}9 \cdot 4{,}1$;

Die Binomischen Formeln werden auch benutzt, um algebraische Ausdrücke auf die Form eines Binoms zu bringen.

B 4.3.6 *a)* $9x^2+12xy+4y^2 = (3x+2y)^2$; *b)* $25a^2-40ab+16b^2 = (5a-4b)^2$; *c)* $16u^2 - 36v^2 = (4u + 6v)(4u - 6v)$.

Ü 4.3.7 *Schreiben Sie unter Verwendung von Binomen:*
a) $4a^2 + 28ab + 49b^2$; **b)** $25x^2 - 20xy + 4y^2$; **c)** $64a^2 - 4b^2$.

Für die Lösung mancher Aufgabenstellungen (z.B. Lösung quadratischer Gleichungen) kann es darum gehen, einen gegebenen algebraischen Ausdruck so zu ergänzen, dass ein Binom der Form $(a + b)^2$ oder $(a - b)^2$ daraus wird.

B 4.3.8 *a)* $4a^2 + 16ab$ *wird durch Ergänzung von* $16b^2$ *zu*
$4a^2 + 16ab + 16b^2 = (2a + 4b)^2$; *es ist also*
$4a^2 + 16ab = 4a^2 + 16ab + 16b^2 - 16b^2 = (2a + 4b)^2 - 16b^2$;
b) $9x^2 - 12xz$ *wird durch Ergänzung von* $4z^2$ *zu* $9x^2 - 12xz + 4z^2 = (3x - 2z)^2$, *und es gilt* $9x^2 - 12xz = 9x^2 - 12xz + 4z^2 - 4z^2 = (3x - 2z)^2 - 4z^2$.

Das hinzugefügte Glied heißt auch quadratische Ergänzung. Es gilt (wobei für p, q und r bei der Anwendung bestimmte Zahlen stehen):

R 4.3.9

Zu $pa^2 + qab$ sei rb^2 die **quadratische Ergänzung**. Der Faktor r der quadratischen Ergänzung ergibt sich aus $r = \frac{q^2}{4p}$.

B 4.3.10 *(Siehe hierzu* B 4.3.8)
a) $4a^2 + 16ab \quad r = \frac{16^2}{4 \cdot 4} = \frac{256}{16} = 16$;
die quadratische Ergänzung lautet also $16b^2$.
b) $9x^2 - 12xz \quad r = \frac{12^2}{4 \cdot 9} = \frac{144}{36} = 4$; *Quadratische Ergänzung* $4z^2$.

Ü 4.3.11 *Bestimmen Sie die quadratische Ergänzung und schreiben Sie anschließend als Binom:* **a)** $25u^2+20uv$; **b)** $4z^2-12zu$; **c)** $36y^2+12yz$; **d)** $16a^2 - 8ab$.

Die Bestimmung der quadratischen Ergänzung kann auch für Ausdrücke der Form $pa^2 + qab + sb^2$ notwendig werden, die noch nicht auf ein Binom zurückgeführt werden können.

B 4.3.12 *Zu* $16a^2 + 40ab$ *ist die quadratische Ergänzung* $25b^2$. *Deshalb gilt* $16a^2 + 40ab + 10b^2 = 16a^2 + 40ab + 10b^2 + 15b^2 - 15b^2$
$= 16a^2 + 40ab + 25b^2 - 15b^2 = (4a + 5b)^2 - 15b^2$.

Ü 4.3.13 *Bestimmen Sie die quadratische Ergänzung und schreiben Sie unter Verwendung eines Binoms:*
a) $9x^2 + 42xy + 40y^2$; **b)** $4a^2 - 12ab + 10b^2$;
c) $16a^2 - 16ab - 16b^2$; **d)** $25u^2 - 20uv - 4v^2$.

Binomische Formeln können auch für dritte, vierte und noch höhere Potenzen entwickelt werden. Darauf wird in Band 1 der Mathematik für Wirtschaftswissenschaftler eingegangen (vgl. dort die Ausführungen zum binomischen Lehrsatz).

Ergänzende Aufgaben:

Ü 4.3.14 *Bestimmen Sie unter Verwendung der Binomischen Formeln:*
a) $(7x + 3y)^2$; **b)** $(2u + 8v)^2$; **c)** $(6a - 2b)^2$;
d) $(u - 4x)^2$; **e)** $(3u + 4v)(3u - 4v)$; **f)** $(3a - 4b)(3a + 4b)$;
g) $(2x - 3y)^2 - (2x + 3y)(2x - 3y)$.

Ü 4.3.15 *Berechnen Sie unter Verwendung der Binomischen Formeln:*
a) 82^2; **b)** 103^2; **c)** 51^2; **d)** 68^2;
e) 89^2; **f)** 77^2; **g)** $77 \cdot 83$; **h)** $52 \cdot 68$;
j) $28 \cdot 52$; **k)** $1,6 \cdot 2,4$; **l)** $5,3 \cdot 4,7$; **m)** $5,8 \cdot 8,2$.

Ü 4.3.16 *Schreiben Sie unter Verwendung von Binomen:*
a) $9x^2 + 6xy + y^2$; **b)** $36a^2 + 48ab + 16b^2$;
c) $16x^2 - 16xy + 4y^2$; **d)** $49u^2 - 81v^2$.

Ü 4.3.17 *Bestimmen Sie die quadratische Ergänzung und schreiben Sie anschließend als Binom:*
a) $25b^2 + 30bc$; **b)** $16x^2 - 24xy$; **c)** $4u^2 - 28uv$; **d)** $49a^2 + 28ab$.

Ü 4.3.18 *Bestimmen Sie die quadratische Ergänzung und schreiben Sie unter Verwendung eines Binoms:*
a) $16x^2 - 8xy - y^2$; **b)** $x^2 + 12xy + 20y^2$;
c) $4x^2 - 16xy + 6y^2$; **d)** $25x^2 + 20xy + 9y^2$.

4.4 Primzahlen und Primfaktoren

In diesem Abschnitt wird nur die Menge $\mathbb{N}$ der natürlichen Zahlen betrachtet.

D 4.4.1 Jede von 1 verschiedene natürliche Zahl, die nur durch 1 und sich selbst ohne Rest teilbar ist, heißt **Primzahl**.

B 4.4.2 2, 3, 5, 7, 11, 13, 17 *sind Primzahlen.* 6 *und* 14 *nicht, da beide z.B. durch* 2 *teilbar sind.*

R 4.4.3

Jede natürliche Zahl größer als 1 kann eindeutig in ein Produkt von Primzahlen zerlegt werden. Die Faktoren dieser Zerlegung heißen **Primfaktoren**.

B 4.4.4 *a)* $18 = 2 \cdot 3 \cdot 3$; *b)* $80 = 2 \cdot 2 \cdot 2 \cdot 2 \cdot 5$; *c)* $1540 = 2 \cdot 2 \cdot 5 \cdot 7 \cdot 11$.

Für die Zerlegung in Primfaktoren ist es zweckmäßig, systematisch in folgender Weise vorzugehen:
In aufsteigender Reihenfolge der Primzahlen wird geprüft, ob die jeweilige Primzahl in der untersuchten Zahl als Faktor einmal oder mehrmals enthalten ist. Die zu untersuchende Zahl wird dann durch den Primfaktor geteilt und das Divisionsergebnis weiter untersucht.

B 4.4.5 *a)*
$$\begin{aligned} 9108 &= 2 \cdot 4554 = 2 \cdot 2 \cdot 2277 = 2 \cdot 2 \cdot 3 \cdot 759 \\ &= 2 \cdot 2 \cdot 3 \cdot 3 \cdot 253 = 2 \cdot 2 \cdot 3 \cdot 3 \cdot 11 \cdot 23; \end{aligned}$$

b)
$$\begin{aligned} 7673400 &= 2 \cdot 3836700 = 2 \cdot 2 \cdot 1918350 \\ &= 2 \cdot 2 \cdot 2 \cdot 959175 = 2 \cdot 2 \cdot 2 \cdot 3 \cdot 319725 \\ &= 2 \cdot 2 \cdot 2 \cdot 3 \cdot 3 \cdot 106575 = 2 \cdot 2 \cdot 2 \cdot 3 \cdot 3 \cdot 3 \cdot 35525 \\ &= 2 \cdot 2 \cdot 2 \cdot 3 \cdot 3 \cdot 3 \cdot 5 \cdot 7105 = 2 \cdot 2 \cdot 2 \cdot 3 \cdot 3 \cdot 3 \cdot 5 \cdot 5 \cdot 1421 \\ &= 2 \cdot 2 \cdot 2 \cdot 3 \cdot 3 \cdot 3 \cdot 5 \cdot 5 \cdot 7 \cdot 203 \\ &= 2 \cdot 2 \cdot 2 \cdot 3 \cdot 3 \cdot 3 \cdot 5 \cdot 5 \cdot 7 \cdot 7 \cdot 29. \end{aligned}$$

Ü 4.4.6 *Zerlegen Sie in Primfaktoren:*
a) 540; **b)** 64; **c)** 105; **d)** 220; **e)** 403788; **f)** 226512; **g)** 76531.

D 4.4.7

Ist die Zahl *a* durch die Zahl *b* **ohne Rest teilbar**, dann heißt *b* **Teiler** von *a* bzw. *a* **Vielfaches** von *b*.

Primfaktoren und Produkte von Primfaktoren einer Zahl sind Teiler dieser Zahl.

B 4.4.8 *Die Zahl* $2100 = 2 \cdot 2 \cdot 3 \cdot 5 \cdot 5 \cdot 7$ *hat außer den Primfaktoren auch die Teiler* $2 \cdot 2 = 4$; $2 \cdot 3 \cdot 5 = 30$; $3 \cdot 7 = 21$; $5 \cdot 7 = 35$ *usw.*

D 4.4.9

Die größte Zahl, die Teiler mehrerer gegebener Zahlen ist, heißt **größter gemeinsamer Teiler** dieser Zahlen (abgekürzt g.g.T.).

R 4.4.10 Der g.g.T. mehrerer Zahlen ergibt sich als Produkt der Primfaktoren, die in allen diesen Zahlen enthalten sind.

Die Bestimmung des größten gemeinsamen Teilers von zwei oder mehr Zahlen geschieht am einfachsten durch Untereinanderschreiben der geordneten Primfaktoren wie in dem folgenden Beispiel.

B 4.4.11 *a)*

$$\begin{array}{lllllll}
12600 & = 2\cdot 2\cdot 2\cdot & 3\cdot 3\cdot & 5\cdot 5\cdot & 7 & & \\
13230 & = 2\cdot & 3\cdot 3\cdot 3\cdot & 5\cdot & 7\cdot 7 & & \\
\hline
g.g.T.: & \;\;2\cdot & 3\cdot 3\cdot & 5\cdot & 7 & & = 630
\end{array}$$

b)

$$\begin{array}{llllllll}
36036 & = 2\cdot 2\cdot & 3\cdot 3\cdot & & 7\cdot & 11\cdot 13 & & \\
45885 & = & 3\cdot & 5\cdot & 7\cdot & & 19\cdot 23 & \\
\hline
g.g.T.: & & 3\cdot & & 7 & & & = 21
\end{array}$$

c)

$$\begin{array}{llllllllll}
120120 & = 2\cdot 2\cdot 2\cdot & 3\cdot & 5\cdot & 7\cdot & 11\cdot & 13 & & & \\
158004 & = 2\cdot 2\cdot & 3\cdot 3\cdot 3\cdot & & 7\cdot & 11\cdot & & 19 & & \\
26565 & = & 3\cdot & 5\cdot & 7\cdot & 11\cdot & & & 23 & \\
\hline
g.g.T.: & & 3\cdot & & 7\cdot & 11 & & & & = 231
\end{array}$$

Ü 4.4.12 *Bestimmen Sie den größten gemeinsamen Teiler.*
a) 4680 *und* 126; **b)** 1260 *und* 2457; **c)** 8778 *und* 27720;
d) 30030, 87780 *und* 7084; **e)** 660, 360, 5040 *und* 945.

Der größte gemeinsame Teiler von Zahlen ist z.B. für das Kürzen von Brüchen wichtig (siehe nächster Abschnitt).

D 4.4.13 Die kleinste Zahl, die durch mehrere gegebene Zahlen teilbar ist, heißt **kleinstes gemeinsames Vielfaches** (k.g.V.) der Zahlen.

Da alle Zahlen Teiler des k.g.V. sind, muss das k.g.V. auch alle Primfaktoren der Zahlen enthalten.

R 4.4.14 Das k.g.V. mehrerer Zahlen erhält man als Produkt der Primfaktoren der Zahlen, wobei jeder Primfaktor so oft genommen wird, wie er am häufigsten auftritt.

B 4.4.15 *a)*

$$\begin{array}{llllll}
120 & = 2\cdot 2\cdot 2\cdot & 3\cdot & 5 & & \\
126 & = 2\cdot & 3\cdot 3\cdot & & 7 & \\
\hline
k.g.V.: & \;\;2\cdot 2\cdot 2\cdot & 3\cdot 3\cdot & 5\cdot & 7 & = 2520
\end{array}$$

b)
$$\begin{array}{rl} 2100 = & 2\cdot 2\cdot \quad 3\cdot \qquad 5\cdot 5\cdot 7 \\ 540 = & 2\cdot 2\cdot \quad 3\cdot 3\cdot 3\cdot 5 \\ 504 = & 2\cdot 2\cdot 2\cdot 3\cdot 3\cdot \qquad 7 \\ \hline k.g.V.: & 2\cdot 2\cdot 2\cdot 3\cdot 3\cdot 3\cdot 5\cdot 5\cdot 7 = 37800 \end{array}$$

Ü 4.4.16 *Bestimmen Sie das kleinste gemeinsame Vielfache:*
a) 180 *und* 504; **b)** 11088, 41580 *und* 24570; **c)** 18, 63, 33, 45 *und* 42.

Das kleinste gemeinsame Vielfache von Zahlen wird z.B. für das Addieren von Brüchen benötigt.

Die Bestimmung von g.g.T. und k.g.V. kann auch auf algebraische Ausdrücke mit allgemeinen Zahlsymbolen übertragen werden. Die allgemeinen Zahlen bzw. vorkommende Summen mit allgemeinen Zahlen werden dabei wie Primfaktoren behandelt.

B 4.4.17 *a)*
$$\begin{array}{rl} 18abc = & 2\cdot \qquad 3\cdot 3\cdot a\cdot b\cdot c \\ 9ab = & \qquad\quad 3\cdot 3\cdot a\cdot b \\ 24ac = & 2\cdot 2\cdot 2\cdot 3\cdot \quad a\cdot \quad c \\ \hline g.g.T.: & \qquad\quad 3\cdot \quad a \qquad = 3a \\ k.g.V.: & 2\cdot 2\cdot 2\cdot 3\cdot 3\cdot a\cdot b\cdot c = 72abc; \end{array}$$

b)
$$\begin{array}{rl} 21a(b+c)d = & 3\cdot \quad 7\cdot a\cdot (b+c)\cdot d \\ 35ad = & \quad 5\cdot 7\cdot a\cdot \qquad d \\ \hline g.g.T.: & \qquad 7\cdot a\cdot \qquad d = 7ad \\ k.g.V.: & 3\cdot 5\cdot 7\cdot a\cdot (b+c)\cdot d = 105a(b+c)d; \end{array}$$

c)
$$\begin{array}{rl} 36ab+72ac = & 36a(b+2c) = 2\cdot 2\cdot 3\cdot 3\cdot a\cdot (b+2c) \\ 84bd+168cd = & 84d(b+2c) = 2\cdot 2\cdot 3\cdot 7\cdot (b+2c)\cdot d \\ \hline g.g.T.: & 2\cdot 2\cdot 3\cdot (b+2c) = 12(b+2c) \\ k.g.V.: & 2\cdot 2\cdot 3\cdot 3\cdot 7\cdot a\cdot (b+2c)\cdot d = 252a(b+2c)d. \end{array}$$

Ü 4.4.18 *Bestimmen Sie g.g.T. und k.g.V.:* **a)** $72abcf$, $45bcf$ *und* $108acf$; **b)** $4(a+b)(c+d)$, $12(a+b)$ *und* $6(a+b)e$; **c)** $16abc+12abf$ *und* $20ac+15af$.

Ergänzende Aufgaben:

Ü 4.4.19 *Bestimmen Sie den größten gemeinsamen Teiler:*
a) 60 *und* 504; **b)** 44.100 *und* 3.003;
c) 9.240, 30.030, 14.630 *und* 462; **d)** 12.012, 138.138 *und* 10.725.

Ü 4.4.20 *Bestimmen Sie das kleinste gemeinsame Vielfache:*
a) 24, 42 *und* 15; **b)** 13860, 8190 *und* 4590;
c) 12600, 900, 2520, 1400, 1575 *und* 2100.

Ü 4.4.21 *Bestimmen Sie g.g.T. und k.g.V.:* **a)** $25uvwx$, $15uvx$ *und* $35vwx$; **b)** $24(a+c)d$, $36(a+c)(b+e)d$ *und* $9(a+c)d$; c) $8xyz + 12xy$ *und* $16uxyz + 24uxy$.

4.5 Rechnen mit Brüchen

Ein Bruch (als Quotient zweier bestimmter ganzer Zahlen) kann immer auch als endlicher oder unendlicher periodischer **Dezimalbruch** geschrieben werden. Bei einem periodischen Dezimalbruch wird die sich wiederholende Ziffernfolge mit einem Querstrich versehen.

B 4.5.1 *a)* $\frac{3}{4} = 0{,}75$; *b)* $\frac{3}{8} = 0{,}375$; *c)* $\frac{3}{48} = 0{,}0625$; *d)* $\frac{61}{64} = 0{,}953125$; *e)* $\frac{4}{3} = 1{,}\overline{3}$; *f)* $\frac{2}{9} = 0{,}\overline{2}$; *g)* $\frac{6}{13} = 0{,}\overline{461538}$; *h)* $\frac{23}{110} = 0{,}2\overline{09}$.

Ü 4.5.2 *Schreiben Sie als Dezimalbruch:* **a)** $\frac{7}{8}$; **b)** $\frac{9}{16}$; **c)** $\frac{4}{11}$; **d)** $\frac{11}{15}$; **e)** $\frac{9}{13}$; **f)** $\frac{5}{9}$.

R 4.5.3 Der Wert eines Bruches $\frac{a}{b}$ ändert sich nicht, wenn man Zähler und Nenner durch die gleiche Zahl (m) dividiert oder mit der gleichen Zahl (n) multipliziert:
$\frac{a}{b} = \frac{a:m}{b:m} = \frac{a \cdot n}{b \cdot n}$. kürzen/Erweitern

Die Division von Zähler und Nenner eines Bruches durch dieselbe Zahl heißt „**den Bruch** durch diese Zahl **kürzen**". Die Multiplikation von Zähler und Nenner mit derselben Zahl heißt „**den Bruch** mit dieser Zahl **erweitern**".

Das Kürzen dient vor allem der Vereinfachung von Brüchen, indem Zähler und Nenner durch gemeinsame Faktoren geteilt werden.

B 4.5.4 *a)* $\frac{12}{16} = \frac{3 \cdot 4}{4 \cdot 4} = \frac{3}{4}$; *b)* $\frac{12}{30} = \frac{2 \cdot 6}{5 \cdot 6} = \frac{2}{5}$; *c)* $\frac{4ax}{8a} = \frac{x}{2}$; *d)* $\frac{24abcu}{6acdu} = \frac{4b}{d}$.

Ü 4.5.5 *Kürzen Sie:* **a)** $\frac{15}{36}$; **b)** $\frac{14}{49}$; **c)** $\frac{63}{105}$; **d)** $\frac{12uvwx}{3vwxy}$; **e)** $\frac{9abcd}{12abc}$; **f)** $\frac{128axz}{96ayz}$.

Beim Kürzen von Brüchen bestimmter Zahlen kann man zur Erleichterung der Rechnung Zähler und Nenner in Primfaktoren zerlegen und dann durch alle gemeinsamen Primfaktoren kürzen. Es gilt:

R 4.5.6 | Ein Bruch kann immer durch den größten gemeinsamen Teiler von Zähler und Nenner gekürzt werden.

Enthalten Zähler und/oder Nenner eines Bruches Summen, dann dürfen ebenfalls **nur gemeinsame Faktoren** gekürzt werden. Diese sind gegebenenfalls durch Ausklammern zu ermitteln.

B 4.5.7 *a)* $\frac{15ab+25ax}{10ac+30ay} = \frac{5a(3b+5x)}{10a(c+3y)} = \frac{3b+5x}{2(c+3y)}$;
b) $\frac{12x-15y}{20y-16x} = \frac{3(4x-5y)}{-4(4x-5y)} = -\frac{3}{4}$; *c)* $\frac{16acy-12acx}{24aby-18abx} = \frac{4ac(4y-3x)}{6ab(4y-3x)} = \frac{2c}{3b}$;
d) $\frac{15uv-45uw+60ux}{30uvw-15u+60ux} = \frac{15u(v-3w+4x)}{15u(2vw-1+4x)} = \frac{v-3w+4x}{2vw-1+4x}$;
e) $\frac{au-3av+2ux-6vx}{ab+ac+2bx+2cx} = \frac{a(u-3v)+2x(u-3v)}{a(b+c)+2x(b+c)} = \frac{(a+2x)(u-3v)}{(a+2x)(b+c)} = \frac{u-3v}{b+c}$.

Ü 4.5.8 *Kürzen Sie:* **a)** $\frac{4xyz-12xy}{8xy-16xyz}$; **b)** $\frac{6abc-3ax}{15ac-12ax}$; **c)** $\frac{21cu-14ux}{6ac-4ax}$;
d) $\frac{25abcd-15abu+30ab}{20abz-30abx}$; **e)** $\frac{ux-uy+vx-vy}{ux+uy+vx+vy}$; **f)** $\frac{14a-21b}{15b-10a}$;
g) $\frac{3ac+9ad-2bc-6bd}{6ac+18ad-4bc-12bd}$; **h)** $\frac{6uv-9uw}{12aw-8av}$.

Vielfach können Brüche durch Verwendung der Binomischen Formeln gekürzt werden.

B 4.5.9 *a)* $\frac{2a^2+4ab+2b^2}{3a+3b} = \frac{2(a+b)^2}{3(a+b)} = \frac{2(a+b)}{3}$; *b)* $\frac{a^2-b^2}{a+b} = \frac{(a+b)(a-b)}{a+b} = a-b$.

Ü 4.5.10 *Kürzen Sie:* **a)** $\frac{3a^2-6ab+3b^2}{4a-4b}$; **b)** $\frac{4a^2-20ac+25c^2}{2ab-5bc}$; **c)** $\frac{16x^2-9z^2}{12x+9z}$;
d) $\frac{25u^2-49v^2}{25u^2-70uv+49v^2}$; **e)** $\frac{4ax-8bx}{4a^2-16b^2}$; **f)** $\frac{4x^2z-12xyz+9y^2z}{20x^2-45y^2}$.

Das Erweitern von Brüchen wird im Zusammenhang mit der Addition von Brüchen behandelt.

Brüche heißen **gleichnamig**, wenn sie den gleichen Nenner haben; sonst heißen sie **ungleichnamig**.

R 4.5.11 | Gleichnamige Brüche werden **addiert**, indem man die Zähler addiert und die Summe durch den gemeinsamen Nenner dividiert.

B 4.5.12 *a)* $\frac{12}{7} + \frac{3}{7} + \frac{11}{7} + \frac{2}{7} = \frac{12+3+11+2}{7} = \frac{28}{7} = 4$.
b) $\frac{12a}{bc} + \frac{4a}{bc} + \frac{d}{bc} + \frac{6d}{bc} = \frac{12a+4a+d+6d}{bc} = \frac{16a+7d}{bc}$.

R 4.5.13 Ungleichnamige Brüche werden vor der Addition durch Erweitern gleichnamig macht. Dazu bestimmt man den gemeinsamen **Hauptnenner** als kleinstes gemeinsames Vielfaches der Einzelnenner.

B 4.5.14 *a)* $\frac{3}{4} + \frac{1}{6} + \frac{5}{12}$, *Hauptnenner:* 12, *die ersten beiden Brüche sind mit* 3 *bzw.* 2 *zu erweitern:*

$\frac{3}{4} + \frac{1}{6} + \frac{5}{12} = \frac{3 \cdot 3}{4 \cdot 3} + \frac{1 \cdot 2}{6 \cdot 2} + \frac{5}{12} = \frac{9}{12} + \frac{2}{12} + \frac{5}{12} = \frac{16}{12} = \frac{4}{3}$;

b) $\frac{5c-4a}{4ac} + \frac{b-6c}{bc} - \frac{6b-8a}{3ab}$, *Hauptnenner: ist* $12abc$, *die Brüche sind mit* $3b, 12a$ *bzw.* $4c$ *zu erweitern:*

$\frac{(5c-4a)3b}{12abc} + \frac{(b-6c)12a}{12abc} - \frac{(6b-8a)4c}{12abc} = \frac{15bc-12ab+12ab-72ac-24bc+32ac}{12abc}$
$= \frac{-9bc-40ac}{12abc} = \frac{-9b-40a}{12ab}$;

c) $\frac{a-b}{a+b} + \frac{a+b}{a-b}$, *Hauptnenner ist* $(a-b)(a+b) = a^2 - b^2$, *die Brüche sind mit* $a - b$ *bzw.* $a + b$ *zu erweitern:*

$\frac{(a-b)(a-b)}{a^2-b^2} + \frac{(a+b)(a+b)}{a^2-b^2} = \frac{a^2-2ab+b^2+a^2+2ab+b^2}{a^2-b^2} = \frac{2a^2+2b^2}{a^2-b^2}$.

Ü 4.5.15 *Addieren Sie:* **a)** $\frac{2}{15} + \frac{4}{9} - \frac{3}{18}$; **b)** $\frac{5}{28} + \frac{3}{8} + \frac{9}{35}$; **c)** $\frac{7}{24} + \frac{7}{60} + \frac{2}{15}$;
d) $\frac{x-y}{xy} + \frac{x+z}{xz} - \frac{y-z}{yz}$; **e)** $\frac{x}{y} + \frac{y}{x}$; **f)** $\frac{12a-7c}{2ac} - \frac{a-3b}{b} - \frac{42b-8c}{7bc}$;
g) $\frac{4}{2x-3y} - \frac{3}{2x+3y}$; **h)** $\frac{3u-12v^2}{u^2-14uv+49v^2} - \frac{6}{2u-14v}$; **j)** $\frac{a^2-b^2}{8a^2-18b^2} + \frac{2b}{12a-18b}$.

Ein Bruch wird mit einer Zahl multipliziert, indem man den Zähler mit dieser Zahl multipliziert. Ein Bruch wird durch eine Zahl dividiert, indem man den Nenner mit dieser Zahl multipliziert.

B 4.5.16 *a)* $\frac{4}{7} \cdot 3 = \frac{4 \cdot 3}{7} = \frac{12}{7}$; *b)* $\frac{4}{7} : 3 = \frac{4}{21}$.

R 4.5.17 Zwei **Brüche** werden miteinander **multipliziert**, indem man das Produkt der Zähler durch das Produkt der Nenner teilt.

B 4.5.18 *a)* $\frac{2}{5} \cdot \frac{3}{11} = \frac{2 \cdot 3}{5 \cdot 11} = \frac{6}{55}$; *b)* $\frac{2a}{3b} \cdot \frac{x}{y} = \frac{2ax}{3by}$.

Vertauscht man Zähler und Nenner eines Bruches, erhält man seinen **Kehrwert**.

R 4.5.19 Zwei **Brüche** werden durcheinander **dividiert**, indem man den Dividenden mit dem Kehrwert des Divisors multipliziert.

B 4.5.20 *a)* $\frac{2}{3} : \frac{5}{6} = \frac{2}{3} \cdot \frac{6}{5} = \frac{2 \cdot 6}{3 \cdot 5} = \frac{4}{5}$;

b) $\frac{9ab}{14c^2} : \frac{3a^2b}{28c} = \frac{9ab}{14c^2} \cdot \frac{28c}{3a^2b} = \frac{9 \cdot 28 \cdot abc}{14 \cdot 3 \cdot a^2bc^2} = \frac{6}{ac}$.

Ü 4.5.21 *Berechnen Sie:* **a)** $\frac{4}{7} : \frac{5}{28}$; **b)** $\frac{8}{65} : \frac{14}{39}$; **c)** $\frac{15xy}{14abc} : \frac{25ax}{21bcy}$;

d) $\frac{a^2-4b^2}{14a^2} : \frac{2a+4b}{7a}$.

Manchmal kommen Brüche vor, bei denen Zähler und/oder Nenner selbst wieder Brüche sind. Solche „Doppelbrüche“ können durch geeignete Umformungen immer in einfache Brüche umgewandelt werden.

B 4.5.22 *a)* $\frac{\frac{3}{11}}{\frac{15}{22}} = \frac{3}{11} : \frac{15}{22} = \frac{3}{11} \cdot \frac{22}{15} = \frac{2}{5}$; *b)* $\frac{\frac{12a}{7b}}{\frac{3ac}{14b}} = \frac{12a}{7b} : \frac{3ac}{14b} = \frac{8}{c}$;

c) $\frac{1}{1 - \frac{a}{b}} - 1 = \frac{1}{\frac{b-a}{b}} - 1 = \frac{b}{b-a} - \frac{b-a}{b-a} = \frac{a}{b-a}$.

Ü 4.5.23 *Vereinfachen Sie:* **a)** $\frac{\frac{16}{35}}{\frac{1}{3} + \frac{3}{7}}$; **b)** $\frac{\frac{b}{a} - \frac{a}{b}}{\frac{1}{a} + \frac{1}{b}}$; **c)** $\frac{1}{\frac{1}{x} + \frac{1}{y}}$;

d) $\frac{\frac{u}{v} - 1}{1 - \frac{1}{v}}$; **e)** $1 - \frac{1}{1 - \frac{1}{1-x}}$.

Ergänzende Aufgaben:

Ü 4.5.24 *Kürzen Sie:* **a)** $\frac{16}{48}$; **b)** $\frac{35}{98}$; **c)** $\frac{64}{24}$; **d)** $\frac{34abx}{6acy}$; **e)** $\frac{60acxz}{84abxz}$.

Ü 4.5.25 *Kürzen Sie:*

a) $\frac{45ax-15ay}{25ab-10ac}$; **b)** $\frac{7abc-14abd}{21abe-14abd}$;

c) $\frac{12xyz-15axy+24abxy}{9uxy+18vxy+6cdxy}$; **d)** $\frac{au+av-bu-bv}{au+av+bu+bv}$;

e) $\frac{6ab-2av+9bx-3vx}{8ab+2aw+12bx+3wx}$; **f)** $\frac{2dx-3dy+dz+8ex-12ey+4ez}{4du-dw+dv+16eu+4ev-4ew}$.

Ü 4.5.26 *Kürzen Sie:*

a) $\frac{49a^2-14ac+c^2}{14a-2c}$; **b)** $\frac{28u^2-63v^2}{12u^2+36uv+27v^2}$; **c)** $\frac{9x^2-25v^2}{3x+5v}$; **d)** $\frac{4+4c+c^2}{c+2}$;

e) $\frac{9u^2-6u+1}{9u^2-1}$; **f)** $\frac{27ad+18bd}{81a^2-36b^2}$; **g)** $\frac{x+x^2}{x^2-1}$; **h)** $\frac{ax^2-ay^2}{2ax-3ay}$.

Ü 4.5.27 *Addieren Sie:* **a)** $\frac{5}{6} + \frac{4}{15} - \frac{1}{10}$; **b)** $\frac{3}{4} + \frac{1}{7} - \frac{1}{2} + \frac{1}{6} - \frac{4}{21}$;

c) $\frac{b}{a} - \frac{a}{b}$; **d)** $\frac{b}{a} + \frac{a}{b} - 2$; **e)** $\frac{u-v}{uv} - \frac{u-w}{uw} + \frac{v-w}{vw}$; **f)** $\frac{a-b}{a+b} - \frac{a}{a-b}$;

g) $\frac{1}{c+2} - \frac{1}{3a} + \frac{2b+1}{6ab}$; **h)** $\frac{2u^2-13v^2}{(2u-5v)^2} - \frac{2u+5v}{4u-10v}$; **j)** $\frac{4x-5}{2x-2} - \frac{6x+1}{3x-4}$;

k) $\frac{1}{a} + \frac{1}{b} + \frac{1}{c} + \frac{1}{d}$; **l)** $\frac{x}{4x-8} - \frac{2x}{3x+6} + \frac{2x^2-9x}{5x^2-20}$.

Ü 4.5.28 *Berechnen Sie:* **a)** $\frac{2}{7} : \frac{8}{21}$; **b)** $\frac{19}{27} : \frac{38}{63}$; **c)** $\frac{28ac}{9bd} : \frac{7ab}{12cd}$;
d) $\frac{4xy}{7z} : \frac{8xy}{21z}$; **e)** $\frac{4u^2-16v^2}{3(u+v)} : \frac{2u-4v}{3u+6v}$.

Ü 4.5.29 *Vereinfachen Sie:* **a)** $\dfrac{\frac{x}{y}+1}{\frac{x}{y}-\frac{y}{x}}$; **b)** $\dfrac{\frac{a}{b}+1}{\frac{a}{b}+2+\frac{b}{a}}$; **c)** $\dfrac{\frac{1}{a+b}-\frac{1}{a-b}}{1-\frac{a}{a-b}}$.

5 Potenzen und Wurzeln

5.0 Vortest

Ü 5.0.1 *Bestimmen Sie:* **a)** $x^5y^4z^6x^8y^3z^5$; **b)** $(x^6)^3$; **c)** $\frac{x^8y^5}{x^4y^3}$.

Ü 5.0.2 *Schreiben Sie so, dass keine negativen Exponenten auftreten:* **a)** $x^8y^{-10}z^5$; **b)** $\frac{1}{x^{-9}}$.

Ü 5.0.3 *Schreiben Sie mit gebrochenen Exponenten:* **a)** $\sqrt{x}$; **b)** $\sqrt[4]{x^9}$.

Ü 5.0.4 *Schreiben Sie unter Verwendung von Wurzeln:* **a)** $x^{\frac{2}{3}}$; **b)** $x^{\frac{1}{9}}$.

Ü 5.0.5 *Kürzen Sie:* **a)** $\frac{\sqrt[3]{x}\sqrt[4]{y^3}}{\sqrt{x^3}\sqrt[5]{y^2}}$; **b)** $\frac{x}{\sqrt[3]{x}}$.

5.1 Potenzbegriff

D 5.1.1

> Das n-fache Produkt einer Zahl mit sich selbst ergibt die n-te **Potenz** dieser Zahl:
> $\underbrace{a \cdot a \cdot a \cdot \ldots \cdot a}_{n-mal} = a^n$.
> a heißt Grundzahl oder **Basis** und n Hochzahl oder **Exponent** der Potenz.

Es ist $a^1 = a$. Aus der Definition des Potenzbegriffs folgt unmittelbar

$$1^n = 1 \quad \text{und} \quad 0^n = 0, n \neq 0.$$

Aus den Vorzeichenregeln für das Multiplizieren ergibt sich

$$(-a)^{2n} = +a^{2n} \quad \text{und} \quad (-a)^{2n+1} = -a^{2n+1},$$

d.h., **die Potenz einer negativen Zahl ist positiv bei geradem Exponenten und negativ bei ungeradem Exponenten.**

Speziell gilt für a = 1:

$$(-1)^{2n} = 1 \quad \text{und} \quad (-1)^{2n+1} = -1.$$

In D 5.1.1 wird implizit $n \in \mathbb{N}$ vorausgesetzt. Der Potenzbegriff kann aber auch auf negative Exponenten angewendet werden.

D 5.1.2 Es ist $a^{-n} = \frac{1}{a^n}$; $a \neq 0$, $n \in \mathbb{N}$.

Man beachte, dass allgemein Potenzen für beliebige reelle Exponenten definiert werden können.

B 5.1.3 *Können Exponenten beliebige reelle Zahlen sein, dann sind z.B. auch die Potenzen* 12^{π} *oder* $5^{\sqrt{2}}$ *definiert.*

Im nächsten Abschnitt werden zunächst ganzzahlige Exponenten betrachtet. Später wird dann der Potenzbegriff auf gebrochene Exponenten erweitert.

5.2 Potenzen mit ganzzahligem Exponenten

Für das Rechnen mit Potenzen gibt es verschiedene Regeln, die nachfolgend ohne Beweis oder Herleitung zusammengestellt sind. Sie lassen sich leicht beweisen, wenn man die Potenzen definitionsgemäß als Produkte ausschreibt und dann zusammenfasst oder kürzt.

R 5.2.1 $a^n a^m = a^{n+m}$

R 5.2.2 $\frac{a^n}{a^m} = a^{n-m}, a \neq 0$

R 5.2.3 a) $a^n b^n = (ab)^n$; b) $\frac{a^n}{b^n} = \left(\frac{a}{b}\right)^n, b \neq 0$

R 5.2.4 $(a^n)^m = a^{nm}$

Aus R 5.2.2 folgt für $n = m$: $\frac{a^n}{a^n} = a^{n-n} = a^0$ und $\frac{a^n}{a^n} = 1$. Es gilt also

R 5.2.5 $a^0 = 1, a \neq 0$; 0^0 ist **nicht definiert**.

Die Regeln werden beim Ausklammern, Kürzen von Brüchen usw. angewendet.

B 5.2.6 *a)* $a^2(a^3b+b^4)=a^5b+a^2b^4$; *b)* $\frac{x^4y^2z^6}{3x^3y^3z^5}=\frac{xz}{3y}$;
c) $3x^4y^2z-12x^3y^3z^3+6x^3y^2z^2=3x^3y^2z(x-4yz^2+2z)$;
d) $\frac{u^5v^3-u^4v^6}{u^6v^2-u^5v^5}=\frac{u^4v^3(u-v^3)}{u^5v^2(u-v^3)}=\frac{v}{u}$.

Ü 5.2.7 *Multiplizieren Sie:* **a)** $6x^5y^3z^2x^8y^2z^4$; **b)** $4x^3y^8x^{-2}y^{-6}$;
c) $5a^2b^2c^4a^{-2}b^{-2}c^3$; **d)** $4u^3v^4u^{-5}v^{-6}$.

Ü 5.2.8 *Multiplizieren Sie:* **a)** $(a^4-b)(a^5+b^2)$; **b)** $(u^5-3u^2+6v^4)(u^3-u^3v^4)$;
c) $(a^2-b^2)(a^2+b^2)$; **d)** $(x^2y^{-2}+x^{-2}y^3)x^{-4}y^2$;
e) $(x^{n-1}y^{n+1}-xy)x^{1-n}y^{n-1}$.

Ü 5.2.9 *Berechnen Sie* **a)** $(-x^3)^4$; **b)** $\left(\frac{-5x^4}{2y^2}\right)^3$; **c)** $\frac{(u^2v^{-3})^5}{(-2w^2)^4}$; **d)** $\frac{(a^2-b^2)^2}{(c^2)^{-2}}$.

Ü 5.2.10 *Schreiben Sie so, dass keine negativen Exponenten bzw. keine negativen Vorzeichen in den Exponenten auftreten:*
a) $x^5y^{-4}z^3$; **b)** $x^{4-n}y^{n-1}$; **c)** $(a^{-5})^3$; **d)** $\frac{1}{b^{-c}}$; **e)** $(x^{-2})^{-3}$; **f)** $((x^{-1})^{-1})^{-1}$.

Ü 5.2.11 *Kürzen Sie* **a)** $\frac{6x^3y^2z^5}{18x^2y^3z^5}$; **b)** $\frac{a^5b^2+a^3b^4}{3a^6b^4+5a^4b^3}$; **c)** $\frac{(x^3y-xy^2)^2}{x^8y^4+x^6y^6}$;
d) $\frac{ac^2-ad^2}{a^2c^4-a^2d^4}$; **e)** $\frac{5d^2e^4-d^2e^2}{15cde^3-3cde}$.

Ergänzende Aufgaben:

Ü 5.2.12 *Multiplizieren Sie:* **a)** $a^{-3}b^2c^4a^4b^{-3}c^{-4}$;
b) $12x^6y^{-2}z^2x^{-4}y^{-3}z^3x^{-3}y^5$; **c)** $3x^2y^{-2}x^{-2}x^{-2}y^{-2}xy^3$;
d) $(a^3-b^3)(a^3+b^3)$; **e)** $(a^3b^2c-a^5b^6c)a^4b^2$;
f) $(a^{-2}b^3-c^4d^{-1})a^2b^{-2}c^{-2}d^2$; **g)** $(a^{n-2}-a^{3-2n})a^{n+2}$;
h) $(a^{1-n}b^{1+n}+ab^{n-1})a^{n+1}b^{1-n}$.

Ü 5.2.13 *Berechnen Sie und bringen Sie Potenzen im Nenner von Brüchen mit in den Zähler:*
a) $(x^2)^3$; **b)** $(-2a^5)^4$; **c)** $(-b^6)^5$; **d)** $\left(\frac{x^6y^2}{z^5}\right)^3$;
e) $\left(\frac{a^2b^{-3}}{c^{-2}}\right)^4$; **f)** $\left(\frac{a^3b^{-2}}{c^6}\right)^{-3}$; **g)** $\left(\frac{x^{-2}y^2}{z^3}\right)^{n+1}$; **h)** $\frac{((-2x^2)y^{-4})^4}{(-z^3)^5}$.

Ü 5.2.14 *Schreiben Sie so, dass keine negativen Exponenten auftreten:*
a) $x^7y^{-8}z^{-2}$; **b)** $\frac{a^7b^{-2}}{c^3d^{-4}}$; **c)** $(a^{-m})^{-n}$;
d) $\frac{1}{x^{-6}y^2}$; **e)** $x^{n-m}y^{m-n}$; **f)** $((u^{-1})^{-1})^{-3}$.

Ü 5.2.15 *Kürzen Sie die folgenden Brüche:*
a) $\frac{x^6-x^4y^2}{x^3+x^4z}$; **b)** $\frac{u^2v^8w^7}{u^3v^6w^2}$; **c)** $\frac{x^4y^{-6}}{x^{-2}y^8}$;
d) $\frac{4x^8-9y^6}{4x^4z+6y^3z}$; **e)** $\frac{x^5y^2-3x^4y^3}{x^6y^3+x^5y^4}$; **f)** $\frac{a^7b^2+a^9b}{a^{12}b^4+a^7b}$.

5.3 Wurzeln

Gilt $a^n = b$ $(b \geq 0, n \in \mathbb{N})$, so heißt a n-te **Wurzel** aus b und man schreibt $a = \sqrt[n]{b}$. b heißt **Radikand** und n **Wurzelexponent**.
Die **Wurzelrechnung** oder das **Radizieren** ist also für nichtnegative Potenzen, d.h. $a^n \geq 0$, die Umkehrung der Potenzrechnung. Für die 2. Wurzel oder **Quadratwurzel** schreibt man $\sqrt{a}$ und nicht $\sqrt[2]{a}$, d.h. der Wurzelexponent wird weggelassen.

B 5.3.1 *a)* $\sqrt{4} = 2$, *denn* $2^2 = 4$; *b)* $\sqrt[4]{81} = 3$, *denn* $3^4 = 81$.

Wurzeln kann man auch als **Potenzen mit gebrochenem Exponenten** auffassen.

D 5.3.2 $\sqrt[n]{b} = b^{\frac{1}{n}}$.

Damit kann man sich z.B. leicht veranschaulichen, dass das Wurzelziehen die Umkehrung des Potenzierens ist:

$$\sqrt[n]{a^n} = (a^n)^{\frac{1}{n}} = a^{n \cdot \frac{1}{n}} = a.$$

Für Wurzeln gibt es einige Regeln, die sich unter Verwendung von D 5.3.2 leicht mit Hilfe der Regeln für Potenzen herleiten lassen. Diese Regeln sind:

R 5.3.3

a) $\sqrt[n]{a}\,\sqrt[n]{b} = \sqrt[n]{ab}$;	**b)** $\frac{\sqrt[n]{a}}{\sqrt[n]{b}} = \sqrt[n]{\frac{a}{b}}$;
c) $\sqrt[n]{a^m} = (\sqrt[n]{a})^m$;	**d)** $\sqrt[n]{\sqrt[m]{a}} = \sqrt[mn]{a}$;
e) $\sqrt[n]{a^m} = \sqrt[n:r]{a^{m:r}}$;	**f)** $\sqrt[rn]{a^{rm}} = \sqrt[n]{a^m}$.

Für das Rechnen mit Wurzeln und den Umgang mit den Regeln in R 5.3.3 ist es in vielen Fällen zweckmäßig, Wurzeln als Potenzen mit gebrochenem Exponenten zu schreiben. Man hat es dann „nur" noch mit Potenzrechnung zu tun. (Vgl. dazu den nächsten Abschnitt.)

Es ist zu beachten, dass das Wurzelziehen nur bedingt die Umkehrung des Potenzierens ist.

B 5.3.4 *a) Es ist* $2^2 = (-2)^2 = 4$, *aber oben wurde* $\sqrt{4} = 2$ *angegeben und* **nicht** *auch* $\sqrt{4} = -2$.
b) Es ist $3^4 = (-3)^4 = 81$, *aber in B 5.3.1 wurde* $\sqrt[4]{81} = 3$ *angegeben,* **nicht** $\sqrt[4]{81} = \pm 3$.

$\sqrt{4} \neq \pm 2$;
$\sqrt{4} = 2$

Wurzeln haben also immer ein positives Vorzeichen.
Bei ungeradem Wurzelexponenten könnte man auch negative Radikanden zulassen.

B 5.3.5 $(-2)^3 = -8$ *und somit* $\sqrt[3]{-8} = -2$.

Negative Radikanden können jedoch zu Widersprüchen führen, wie das folgende Beispiel zeigt:

B 5.3.6 *Es ist* $\sqrt[6]{64} = 2$. *Aus* B 5.3.5 *und* R 5.3.3e) *kann man nun herleiten* $-2 = \sqrt[3]{-8} = \sqrt[2\cdot 3]{(-8)^2} = \sqrt[6]{64} = 2$, *also* $-2 = 2$.

Um derartige Widersprüche auszuschalten, müsen negative Radikanden ausgeschlossen werden.

5.4 Potenzen mit gebrochenem Exponenten

Für $b = a^m$ folgt aus D 5.3.2 $\sqrt[n]{a^m} = a^{\frac{m}{n}}$. Ist n nicht Teiler von m, so liegt eine Potenz mit gebrochenem Exponenten vor. Alle Regeln für das Rechnen mit Potenzen mit ganzzahligem Exponenten können auf gebrochene Exponenten übertragen werden. Wurzeln werden deshalb zum Rechnen als Potenzen mit gebrochenem Exponenten geschrieben.

B 5.4.1 *a)* $\sqrt[4]{x^8y^{12}} = (x^8y^{12})^{\frac{1}{4}} = x^2y^3$; *b)* $\sqrt[6]{\frac{a^8b^6}{c^{12}d^{18}}} = \left(\frac{a^8b^6}{c^{12}d^{18}}\right)^{\frac{1}{6}} = \frac{a^{\frac{4}{3}}b}{c^2d^3}$;
c) $\sqrt[m]{x\sqrt[n]{y}} = (xy^{\frac{1}{n}})^{\frac{1}{m}} = x^{\frac{1}{m}}y^{\frac{1}{nm}}$; *d)* $\frac{1}{\sqrt{x}} = \frac{1}{x^{\frac{1}{2}}} = x^{-\frac{1}{2}}$.

Ü 5.4.2 *Schreiben Sie mit gebrochenem Exponenten und fassen Sie bei Brüchen Zähler und Nenner zusammen:*
a) $\sqrt[5]{x^7}$; **b)** $(\sqrt[5]{x})^7$; **c)** $\sqrt[3]{x^6y^9z^2}$; **d)** $\sqrt[5]{a^2\sqrt[3]{b^4}}$;
e) $\sqrt{\sqrt{\sqrt{a}}}$; **f)** $\sqrt{a\sqrt{a\sqrt{a}}}$; **g)** $\frac{1}{\sqrt[3]{ab}}$; **h)** $\sqrt[4]{\frac{x^8y^{12}}{z^{24}}}$.

Ü 5.4.3 *Schreiben Sie unter Verwendung von Wurzeln:*
a) $a^{\frac{2}{7}}$; **b)** $x^{\frac{5}{3}}$; **c)** $b^{0,5}$; **d)** $y^{-\frac{2}{3}}$; **e)** $c^{\frac{1}{2}}d^{-\frac{3}{2}}$.

Ü 5.4.4 *Kürzen Sie:* **a)** $\frac{\sqrt[3]{x^5y^2z^8}}{\sqrt[5]{x^2yz^6}}$; **b)** $\frac{\sqrt[n]{x^{n-3}}(\sqrt[n]{x})^{2n+1}}{\sqrt[n]{x^{2n-2}}}$; **c)** $\frac{\sqrt{a^3b^7c^5}}{\sqrt[4]{a^2b^6c^{22}}}$;

d) $\frac{\sqrt{a^2-4ab+4b^2}}{a^2-4b^2}$; **e)** $\frac{x}{\sqrt{x}}$.

Ü 5.4.5 *Schreiben Sie unter eine Wurzel:*
a) $a\sqrt{a}$; **b)** $2x\sqrt[3]{y}$; **c)** $xy\sqrt[3]{\frac{x}{y}}$; **d)** $(\sqrt{5}-\sqrt{4})\sqrt{\sqrt{5}+\sqrt{4}}$.

Wurzeln im Nenner eines Bruches können dadurch beseitigt werden, dass der Bruch in geeigneter Weise erweitert wird.

B 5.4.6 *a)* $\frac{1}{\sqrt{x}}=\frac{\sqrt{x}}{x}$ *(Erweiterung mit* $\sqrt{x}$*);*
b) $\frac{1}{\sqrt[3]{xy}}=\frac{(\sqrt[3]{xy})^2}{xy}$, *Erweiterung mit* $(xy)^{\frac{2}{3}}$.

Ü 5.4.7 *Beseitigen Sie die Wurzeln im Nenner:*
a) $\frac{1}{\sqrt[3]{a}}$; **b)** $\frac{9}{\sqrt{3}}$; **c)** $\frac{x}{\sqrt[n]{y^{n-3}}}$; **d)** $\frac{1}{\sqrt{x}-\sqrt{y}}$.

Beim Rechnen mit bestimmten Zahlen können Wurzelausdrücke oft so umgeformt werden, dass eine Berechnung einfach möglich ist.

B 5.4.8 $\sqrt[3]{5}\,\sqrt[3]{25}=\sqrt[3]{125}=5$.

Ü 5.4.9 *Berechnen Sie:* **a)** $\sqrt{\left(\frac{3}{4}\right)^2-\frac{1}{2}}$; **b)** $\sqrt{2}\sqrt{8}$; **c)** $\sqrt[3]{\frac{1}{4}+\frac{1}{6}}\sqrt[3]{\frac{3}{10}}$;

d) $\sqrt{12}\sqrt{\frac{1}{3}}$; **e)** $\sqrt[4]{4}\sqrt{2}$.

Der Potenzbegriff kann auch auf Potenzen mit irrationalen Exponenten erweitert werden. Dadurch können dann alle reellen Zahlen als Exponenten zugelassen werden. Die Regeln für das Rechnen mit Potenzen gelten auch dann noch.

Ergänzende Aufgaben:

Ü 5.4.10 *Schreiben Sie mit gebrochenem Exponenten:*
a) $\sqrt[4]{a^6}$; **b)** $\left(\sqrt[6]{b^5}\right)^3$; **c)** $\left(\sqrt[4]{a^2b^8c^4}\right)^2$; **d)** $\sqrt[4]{\sqrt[3]{\sqrt{a}}}$;

e) $\sqrt[3]{b^2\sqrt[5]{a}}$; **f)** $\sqrt{a\sqrt{c\sqrt{b}}}$.

Ü 5.4.11 *Schreiben Sie mit Hilfe von Wurzeln:*
a) $b^{\frac{9}{8}}$; **b)** $c^{-1.5}$; **c)** $a^{\frac{3}{4}}b^{\frac{4}{3}}$; **d)** $(a^{\frac{2}{3}}x^5)^{\frac{1}{3}}$; **e)** $(a^{\frac{1}{2}})^{\frac{1}{3}}a^{\frac{1}{3}}$.

Ü 5.4.12 *Kürzen Sie:* **a)** $\dfrac{\sqrt[3]{a^2b}}{\sqrt[4]{a^2b}}$; **b)** $\dfrac{\sqrt[5]{x^2y^4z}}{\sqrt[3]{x^4y^2z}}$; **c)** $\dfrac{\sqrt[m]{y^{n-1}}\,\sqrt[m]{y^2}}{\sqrt[2m]{y^2}}$;

d) $\dfrac{\sqrt{4a^2+24ab+36b^2}}{2\sqrt{a^2-9b^2}}$; **e)** $\dfrac{\sqrt[n]{x}}{\sqrt[n]{x^{n+1}}}$.

Ü 5.4.13 *Schreiben Sie unter eine gemeinsame Wurzel:*

a) $x\,\sqrt[2]{y}$; **b)** $\sqrt[3]{b}\,\sqrt[2]{c}$; **c)** $3a\,\sqrt[5]{a}$; **d)** $\sqrt[3]{\sqrt{3}}\cdot\sqrt[5]{\sqrt{3}}$; **e)** $\dfrac{\sqrt[3]{xy^2}}{x^2yz}$.

Ü 5.4.14 *Beseitigen Sie die Wurzeln im Nenner (Hinweis: Erweitern Sie die Brüche so, dass im Nenner ein Ausdruck ohne Wurzel steht):*

a) $\frac{1}{\sqrt{a^3}}$; **b)** $\frac{y}{\sqrt[3]{x^2}}$; **c)** $\frac{x-2}{\sqrt{x}+\sqrt{2}}$; **d)** $\frac{\sqrt[n]{y}}{\sqrt[n]{y^{2n-1}}}$.

Ü 5.4.15 *Berechnen Sie:* **a)** $\sqrt{2}\cdot\sqrt{32}$; **b)** $\sqrt[4]{4}\cdot\left(\sqrt{\sqrt[3]{2}}\right)^3$; **c)** $\sqrt{\left(\frac{5}{2}\right)^2+14}$;

d) $\sqrt{\frac{3}{16}}\cdot\sqrt{\frac{1}{3}-\frac{1}{4}}$.

6 Logarithmen

6.0 Vortest

Ü 6.0.1 *Bestimmen Sie:* **a)** $\log_{10} 1000$; **b)** $\log_2 8$.

Ü 6.0.2 *Bestimmen Sie x:* **a)** $\log_2 x = 5$; **b)** $\log_3 x = 4$.

Ü 6.0.3 *Spalten Sie auf:* **a)** $\log \frac{xy}{z}$; **b)** $\log \sqrt[3]{x^2}$.

Ü 6.0.4 *Fassen Sie zusammen:* **a)** $\log u - \log v$;
b) $\frac{3}{2} \log x + \frac{1}{4} \log y - \frac{2}{5} \log z$.

6.1 Begriff des Logarithmus

D 6.1.1 Gilt $a^y = x, a > 0, a \neq 1$, so heißt y auch **Logarithmus von x zur Basis** a, geschrieben $y = \log_a x$.

Der Logarithmus einer Zahl x ist also der Exponent y, mit der die Basis a potenziert werden muss, um die Zahl x zu erhalten: $a^{\log_a x} = x$.

B 6.1.2 *a)* $\log_2 8 = 3$, *denn* $2^3 = 8$; *b)* $\log_4 16 = 2$, *denn* $4^2 = 16$;
c) $\log_{10} 100000 = 5$, *denn* $10^5 = 100000$.

B 6.1.3 *a)* $\log_2 64 = 6$; *b)* $\log_4 64 = 3$; *c)* $\log_8 64 = 2$.

Ü 6.1.4 *Bestimmen Sie* **a)** $\log_2 16$; **b)** $\log_2 128$; **c)** $\log_5 125$; **d)** $\log_3 81$;
e) $\log_9 81$; **f)** $\log_6 216$; **g)** $\log_{10} 10000$.

Logarithmen waren früher ein wichtiges, häufig sogar unentbehrliches, Hilfsmittel für praktische Berechnungen. Durch Verwendung von Logarithmen können Multiplikationen und Divisionen sowie die Bestimmung von Potenzen (mit beliebigen Exponenten) und Wurzeln sehr vereinfacht werden. Das wird bei der Behandlung der Regeln für das Rechnen mit Logarithmen im nächsten Abschnitt deutlich. Durch die elektronische Datenverarbeitung und die starke Verbreitung von Taschenrechnern ist die Bedeutung der Logarithmen für das numerische Rechnen (mit bestimmten Zahlen) fast völlig verloren gegangen.

Alle Logarithmen zu einer bestimmten Basis ergeben ein so genanntes **Logarithmensystem**. Zwei Logarithmensysteme spielen in der Mathematik eine besondere Rolle.

D 6.1.5 Logarithmen zur Basis 10 heißen **dekadische Logarithmen** (auch Briggsche- oder Zehner-Logarithmen) und werden mit $\log x$ bezeichnet.

Bei dekadischen Logarithmen wird also auf die Angabe der Basis 10 verzichtet.

D 6.1.6 Logarithmen zur Basis e heißen **natürliche Logarithmen** und werden mit $\ln x$ bezeichnet.

Dabei ist $e = 2{,}7182818284\ldots$ die sogenannte **Eulersche Zahl**.
Aus D 6.1.1 ergibt sich, dass Logarithmen nur für positive Zahlen definiert sind.

Da für beliebiges $a > 0$ gilt $a^0 = 1$, ist für alle Basen a

$$\log_a 1 = 0.$$

Ferner gilt stets

$$\log_a a = 1.$$

Sollen Logarithmen, die sich auf eine Basis a beziehen, in Logarithmen zu einer anderen Basis umgerechnet werden, dann gilt Folgendes:

Es ist definitionsgemäß

$$x = b^{\log_b x} = a^{\log_a x} \text{ und } b = a^{\log_a b}.$$

Daraus ergibt sich, wenn man b in der linken Gleichung ersetzt,

$$(a^{\log_a b})^{\log_b x} = a^{\log_a b \log_b x} = a^{\log_a x} \text{ bzw. } \log_a b \log_b x = \log_a x,$$

und es folgt:

R 6.1.7

$$\log_b x = \frac{\log_a x}{\log_a b}.$$

Mit Hilfe von R 6.1.7 können Logarithmen zu einer Basis auf eine andere Basis umgerechnet werden.

Für die **Umrechnung von dekadischen Logarithmen in natürliche Logarithmen und umgekehrt** gilt insbesondere

$$\log x = \frac{\ln x}{\ln 10} = \frac{\ln x}{2{,}30258509}$$

und

$$\ln x = \frac{\log x}{\log e} = \frac{\log x}{0{,}43429448}$$

Auf die Benutzung von Logarithmmentafeln wird hier nicht näher eingegangen, da heute fast jeder Taschenrechner eine Funktionstaste für $\ln x$ und für $\log x$ besitzt. Nach Eingabe von x und drücken der entsprechenden Funktionstaste erscheint dann $\ln x$ bzw. $\log x$ in der Anzeige.

Das Wurzelziehen wurde im Abschnitt 5.3 als Umkehrung des Potenzierens eingeführt. In der Gleichung $a^n = b$ wird zu gegebenem b und n die Größe a gesucht: $a = \sqrt[n]{b}$. Das Logarithmieren kann ebenfalls als Umkehrung des Potenzierens aufgefasst werden. In $a^n = b$ wird zu gegebenem a und b der Exponent n gesucht: $n = log_a b$.

Ü 6.1.8 *Schreiben Sie als Logarithmengleichung:*
a) $7^5 = 16807$; **b)** $3^8 = 6561$; **c)** $6^7 = 279936$;
d) $10^{0,30103} = 2$; **e)** $\sqrt{16} = 4$; **f)** $\sqrt[3]{27} = 3$.

Ü 6.1.9 *Bestimmen Sie x:*
a) $\log_3 243 = x$; **b)** $\log_2 32 = x$; **c)** $\log_7 49 = x$;
d) $\log_4 x = 4$; **e)** $\log_3 x = 3$; **f)** $\log_7 x = 3$.

Zur Schreibweise von Produkten mit Logarithmen ist Folgendes zu beachten: $\log_a b \cdot n$ kann leicht mit $\log_a(bn)$ verwechselt werden. Deshalb sollten Faktoren immer **vor** log (bzw. ln) geschrieben werden: $n \log_a b$.

6.2 Rechenregeln für Logarithmen

Aus den Regeln für das Rechnen mit Potenzen lassen sich Regeln für das Rechnen mit Logarithmen herleiten. Um die Beziehungen zwischen Logarithmen und Potenzen zu vertiefen und um zu zeigen, wie man aus bekannten Regeln neue herleiten kann, werden die Rechenregeln für Logarithmen hier im Einzelnen entwickelt.

Die folgenden Ausführungen beschränken sich auf dekadische Logarithmen, gelten aber auch für beliebige andere Basen.

Es ist $a = 10^{\log a}$ und $b = 10^{\log b}$. Damit ist $ab = 10^{\log(ab)}$ und $ab = 10^{\log a} 10^{\log b} = 10^{\log a + \log b}$, also

R 6.2.1 $$\log(ab) = \log a + \log b$$

Der Logarithmus eines Produktes ist gleich der Summe der Logarithmen der einzelnen Faktoren.

Es ist weiter $\frac{a}{b} = 10^{\log \frac{a}{b}}$ und $\frac{a}{b} = \frac{10^{\log a}}{10^{\log b}} = 10^{\log a - \log b}$, also gilt:

R 6.2.2 $\log\left(\frac{a}{b}\right) = \log a - \log b$

Der Logarithmus eines Quotienten ist gleich der Differenz der Logarithmen von Zähler und Nenner. Speziell folgt aus R 6.2.2
$\log\left(\frac{1}{b}\right) = -\log b$.

Es ist $a^n = 10^{\log(a^n)}$ und $a^n = (10^{\log a})^n = 10^{n \log a}$, also

R 6.2.3 $\log(a^n) = n \log a$

Der Logarithmus einer Potenz ist gleich dem Produkt aus Exponent und Logarithmus der Basis.
Wegen $\sqrt[n]{a} = a^{\frac{1}{n}}$ folgt aus R 6.2.3

R 6.2.4 $\log(\sqrt[n]{a}) = \frac{1}{n} \log a$

Die Rechenregeln für Logarithmen können für das Aufspalten oder Zusammenfassen bei algebraischen Ausdrücken verwendet werden.

B 6.2.5 *a)* $\log(\frac{xy}{z}) = \log x + \log y - \log z$; *b)* $\log(\frac{a^3}{\sqrt{b}}) = 3\log a - \frac{1}{2}\log b$.

Ü 6.2.6 *Spalten Sie auf:* **a)** $\log(\frac{abc}{de})$; **b)** $\log\sqrt[5]{a^2}$; **c)** $\log\frac{x^2\sqrt{y}}{z^4}$;
d) $\log\frac{(a+b)^4c^3}{\sqrt{de^5}}$; **e)** $\log x^2\sqrt{a^2+b^3}$; **f)** $\log_a a^4$; **g)** $\log_a \frac{\sqrt[5]{ab}}{c}$.

Ü 6.2.7 *Fassen Sie zusammen:* **a)** $\log b + \log c - \log d$; **b)** $3\log a + 4\log b$;
c) $\frac{1}{2}\log x - 2\log y$; **d)** $4\log u - \frac{1}{6}\log w + \frac{1}{3}\log v - \frac{3}{4}\log x$.

Ü 6.2.8 *Bestimmen Sie x:*
a) $-\log x = \frac{1}{2}\log 4 - \log 6$; **b)** $\frac{2}{3}\log x = \log u - \log v$;
c) $\frac{1}{3}\log x = \frac{1}{6}\log 25 - \frac{1}{9}\log 8$; **d)** $\frac{1}{2}\log x - 2\log x = \frac{9}{4}\log a - \log b$.

Logarithmen werden auch benutzt, um gegebene Potenzen auf eine andere Basis zu beziehen. In vielen Fällen geht es bei dieser Art von Umwandlung darum, die Potenzen auf die Basis e zu beziehen.

B 6.2.9 *a) Wegen* $a = b^{\log_b a}$ *gilt* $a^n = (b^{\log_b a})^n = b^{n\log_b a}$. *Aus der Potenz zur Basis a ist eine Potenz zur Basis b geworden.*
b) Es ist $a = e^{\ln a}$ *und somit ist* $a^x = (e^{\ln a})^x = e^{x\ln a}$.
c) Entsprechend gilt: $a^{x^2+2} = (e^{\ln a})^{x^2+2} = e^{(x^2+2)\ln a}$.

Ü 6.2.10 *Beziehen Sie die Potenzen auf die jeweils zusätzlich angegebene Basis:* **a)** x^y, a; **b)** u^2, v; **c)** x, e; **d)** x^x, e; **e)** x^4, e; **f)** $\sqrt{x}, e$; **g)** a^x, e; **h)** a^{x^2-x}, c.

Ergänzende Aufgaben:

Ü 6.2.11 *Spalten Sie auf:* **a)** $\log \frac{uv}{wy}$; **b)** $\log \frac{a^2b^3}{c^4d}$; **c)** $\log \frac{\sqrt{a}\sqrt[3]{b}}{\sqrt[4]{c}}$;
d) $\log \frac{\sqrt[3]{a^2}(\sqrt[4]{b})^5}{\sqrt{cd}}$; **e)** $\log \frac{a+b}{\sqrt{a^2+b^5}}$; **f)** $\log a^{x^y}$; **g)** $\log_x x^4$; **h)** $\log_u \frac{\sqrt{u}}{v}$.

Ü 6.2.12 *Fassen Sie zusammen:*
a) $2\log x - 3\log y + 6\log z$; **b)** $\frac{1}{5}\log a - \frac{2}{3}\log b$;
c) $\frac{2}{7}\log x + \frac{3}{7}\log y - \frac{5}{7}\log z$; **d)** $a\log x - b\log y$;
e) $u\log x - \log x + \frac{1}{m}\log z$.

Ü 6.2.13 *Beziehen Sie die Potenzen auf die angegebene Basis:*
a) x^a, b; **b)** u^v, w; **c)** x^7, e; **d)** $\sqrt[3]{x}, e$; **e)** $\frac{1}{x}, e$; **f)** $\frac{1}{\sqrt{x}}, e$.

Ü 6.2.14 *Berechnen Sie x:*
a) $\log_8 512 = x$; **b)** $\log_5 \frac{1}{125} = x$; **c)** $\log_{\frac{1}{3}} 243 = x$;
d) $\log x = \frac{1}{2}(\log 3 - (\log 24 + \log 8))$; **e)** $2\ln x = \ln 15 + 2\ln 2 - \ln 12$.

7 Gleichungen mit einer Variablen

7.0 Vortest

Ü 7.0.1 *Lösen Sie auf:* $2x - (8 - 3x) = 4 - (3x - 2)$.

Ü 7.0.2 a) *Paul ist* 12 *und sein Vater* 40 *Jahre alt. In wieviel Jahren ist Pauls Vater dreimal so alt wie er?*
b) *Ein Arbeiter benötigt für eine Arbeit* 15 *Tage und ein anderer* 10 *Tage. Wie lange benötigen sie gemeinsam?*

Ü 7.0.3 *Ein* 20*m hohes Haus wirft einen Schatten von* 50*m Länge. Wie lang ist der Schatten, den ein* 1,80*m großer Mann zur gleichen Zeit wirft?*

Ü 7.0.4 *Lösen Sie auf:* **a)** $\sqrt{x} - 5 = 4$; **b)** $\sqrt{x} + 5 = 1$.

Ü 7.0.5 a) *Jemand bezahlt eine Rechnung über EURO* 1305,–. *Wieviel Umsatzsteuer ist in dem Betrag enthalten, wenn der Steuersatz* 16% *beträgt?*
b) *In einem Verein sind* 240 *Frauen Mitglied. Das entspricht* 30% *der Mitglieder. Wieviel Mitglieder hat der Verein.*
c) *Ein Händler gewährt* 15% *Nachlass auf den Listenpreis und auf den ermäßigten Preis noch einmal* 8% *Sonderrabatt. Um wieviel Prozent reduziert sich der Preis insgesamt?*

Ü 7.0.6 a) *Wieviel Zinsen sind für EURO* 5800,– *bei einem Zinsfuß von* $6,5\%$ *in einem Jahr zu zahlen?*
b) *Für EURO* 550,– *werden für ein Jahr EURO* 46,75 *Zinsen gezahlt. Wie hoch war der Zinsfuß?*

Ü 7.0.7 *Lösen Sie auf:* **a)** $x^3 = 25$; **b)** $5^x = 125$; **c)** $1,08^x = 2$.

7.1 Bestimmungsgleichungen

In der Mathematik werden mehrere Arten von Gleichungen unterschieden. Es gibt **identische Gleichungen**, die sich auf wahre mathematische Aussagen beziehen.

B 7.1.1 *a)* $6 + 18 = 24$; *b)* $3 \cdot 4 = 10 + 2$; *c)* $a + b = b + a$; *d)* $(a + b)^2 = a^2 + 2ab + b^2$.

Durch **Funktionsgleichungen** werden **variable Größen** einander zugeordnet.

B 7.1.2 *a) Die Fläche F eines Rechtecks hängt von den Längen a und b der Seiten ab, d.h. F ist eine Funktion von a und b und es gilt $F = ab$.*
b) Die monatlichen Ausgaben für einen normalen, einfachen Fernsprechanschluss K sind eine lineare Funktion der Anzahl x Gebühreneinheiten: $K = 24{,}60 + (x - 10) \cdot 0{,}23$.
Dabei ist 24,60 *die Grundgebühr und* 0,23 *der Preis für eine Gebühreneinheit.* 10 *ist die Anzahl der kostenfreien Einheiten pro Monat.* (*Stand:* 01.08.95)

Auf Funktionsgleichungen bzw. Funktionen wird in Band I der Mathematik für Wirtschaftswissenschaftler eingegangen.

Bestimmungsgleichungen enthalten neben bekannten Größen immer eine oder mehrere **Variablen** und dienen der Ermittlung der Werte der Variablen, für die die Bestimmungsgleichung erfüllt ist. Die Ermittlung dieser Werte heißt Lösen oder Auflösen der Gleichung. Die Variablen werden auch Unbekannte genannt, da es sich um (zunächst) unbekannte Größen handelt.

B 7.1.3 *Die Bestimmungsgleichung* $x+9 = 14$ *mit der Variablen x hat die Lösung* $x = 5$, *denn die Gleichung ist für* $x = 5$ *erfüllt. (Nachprüfung durch Einsetzen!)*

Eine **Bestimmungsgleichung ist eine Aussageform**. Das Auflösen der Gleichung entspricht der Ermittlung der **Lösungsmenge**. Sofern in den folgenden Ausführungen nichts anderes angegeben ist, wird davon ausgegangen, dass die Grundmenge, also die Menge, aus der die Lösung stammt, die Menge $\mathbb{R}$ der reellen Zahlen ist.

Eine Bestimmungsgleichung, in der alle Variablen nur in der ersten Potenz vorkommen und keine Produkte von Variablen auftreten, heißt **lineare** Bestimmungsgleichung.

B 7.1.4 *Lineare Bestimmungsgleichungen sind z.B.* $5x - 12 = 3x + 48$ *oder* $5x - 2y = 24$. *Nichtlineare Bestimmungsgleichungen sind* $5x^2 = 20, \sqrt{x - 2} = 3$ *oder* $3xy + 4x = 12$.

In den folgenden Abschnitten werden zunächst nur lineare Bestimmungsgleichungen mit einer Variablen behandelt.

7.2 Umformung von Gleichungen

Eine Bestimmungsgleichung wird gelöst, indem die Gleichung durch Anwendung zulässiger Rechenoperationen schrittweise so umgeformt wird, dass die Variable schließlich isoliert auf einer Seite steht. Dazu macht man von folgender Grundregel Gebrauch:

R 7.2.1

> Die Lösungsmenge einer Bestimmungsgleichung bleibt unverändert, wenn auf beiden Seiten die gleiche Rechenoperation mit der gleichen Zahl durchgeführt wird. Man spricht dabei von einer **äquivalenten Umformung** der Gleichung. Nicht zulässig ist die Multiplikation mit Null und die ohnehin verbotene Division durch Null.

B 7.2.2 *a) Die Gleichung* $a+b=b+a$ *wird äuqivalent umgeformt, wenn man die Seiten vertauscht, wenn z.B. auf beiden Seiten* 5 *addiert wird* $(a+b+5=b+a+5)$ *oder beide Seiten mit* 3 *multipliziert werden* $(3a+3b=3b+3a)$.
b) Die Lösung $x=5$ *der Gleichung* $x+9=14$ *bleibt unverändert, wenn man z.B. beide Seiten der Gleichung mit* 2 *multipliziert* $(2x+18=28)$ *oder auf beiden Seiten* 9 *subtrahiert* $(x=5)$.

7.3 Auflösung linearer Bestimmungsgleichungen

Die Lösung einer linearen Gleichung mit einer Variablen wird bestimmt, indem man durch Anwendung der gleichen Rechenoperation mit der gleichen Zahl auf beiden Seiten der Gleichung diese so umformt, dass die Variable auf einer Seite steht. Die Rechenoperationen und die Zahlen kann man rechts neben den Gleichungen vermerken (siehe B 7.3.1).

Es ist empfehlenswert, die Lösung einer Bestimmungsgleichung durch Einsetzen der Lösungswerte in die ursprüngliche Gleichung zu überprüfen.

B 7.3.1 *a)*

$$\begin{aligned} 3x+5 &= 17 &&\mid -5 \\ 3x &= 12 &&\mid :3 \\ x &= 4 \end{aligned}$$

Probe:
$3\cdot 4+5=12+5=17$

b)

$$\begin{aligned} 4x+7 &= 2x+11 &&\mid -7 \\ 4x &= 2x+4 &&\mid -2x \\ 2x &= 4 &&\mid :2 \\ x &= 2 \end{aligned}$$

Probe:
$4\cdot 2+7=8+7=15$
$2\cdot 2+11=4+11=15$

Ü 7.3.2 *Lösen Sie auf:* **a)** $7x+5=40$; **b)** $8x-12=60$; **c)** $18-7x=17$; **d)** $8x-5=3x+20$; **e)** $3-x=2x+12$.

In Bestimmungsgleichungen können auch Klammern vorkommen. Diese werden meistens im ersten Schritt aufgelöst.

Grundsätzlich empfiehlt sich für das Auflösen von Bestimmungsgleichungen folgende Reihenfolge:

R 7.3.3

Schema zur Auflösung von Bestimmungsgleichungen:

(1) Auflösen von Klammern und/oder von Brüchen.
(2) Zusammenfassen der Ausdrücke mit x und der bestimmten Zahlen auf beiden Seiten.
(3) Umformung der Gleichung so, dass auf einer Seite ein Ausdruck mit x und auf der anderen Seite eine bestimmte Zahl steht.
(4) Division beider Seiten durch den Koeffizienten (Faktor) von x.

B 7.3.4

$2x-(5-4x)=3x-(2x+8)$	*Auflösen der Klammer*
$2x-5+4x=3x-2x-8$	*Zusammenfassen der x-Glieder*
$6x-5=x-8$	$-x$
$5x-5=-8$	$+5$
$5x=-3$	$:5$
$x=-\frac{3}{5}$	

Probe:
$$2\cdot(-\tfrac{3}{5})-(5-4\cdot(-\tfrac{3}{5})) = -\tfrac{43}{5}$$
$$3\cdot(-\tfrac{3}{5})-(2\cdot(-\tfrac{3}{5})+8) = -\tfrac{43}{5}$$

Ü 7.3.5 *Lösen Sie auf:* **a)** $5x-(4+3x)=4+(8x-2)$; **b)** $6x-(2x-4)=12x-(8+5x)$; **c)** $5-(2+x)=8x-(3x+4)$; **d)** $0{,}5x-(0{,}6x+0{,}3)=0{,}8x-1{,}2$; **e)** $\frac{4}{7}x+\frac{2}{3}=2x-(\frac{1}{2}x-5)$.

In Gleichungen mit einer Variablen kann beim Auflösen auch x^2 auftreten, aber beim weiteren Lösungsgang dann wegfallen, so dass sich eine lineare Gleichung ergibt.

B 7.3.6 a)

$(5-x)(x+3)$	$=$	$(x-2)(8-x)$	*Klammern multipl.*
$-x^2+2x+15$	$=$	$-x^2+10x-16$	$+x^2$
$2x+15$	$=$	$10x-16$	$-10x$
$-8x+15$	$=$	-16	-15
$-8x$	$=$	-31	$:(-8)$
x	$=$	$\frac{31}{8}$	

Probe:
$$\begin{aligned}(5-\tfrac{31}{8})(\tfrac{31}{8}+3) &= \tfrac{9}{8}\cdot\tfrac{55}{8}=\tfrac{495}{64}\\ (\tfrac{31}{8}-2)(8-\tfrac{31}{8}) &= \tfrac{15}{8}\cdot\tfrac{33}{8}=\tfrac{495}{64}\end{aligned}$$

b)
$$\begin{aligned}\tfrac{x-1}{x+1} &= \tfrac{x-3}{x-5} && \big|\cdot(x+1)\\ x-1 &= \tfrac{(x-3)(x+1)}{x-5} && \big|\cdot(x-5)\\ (x-1)(x-5) &= (x-3)(x+1) && \big|\ \textit{Klammern multiplizieren}\\ x^2-6x+5 &= x^2-2x-3 && \big|-x^2\\ -6x+5 &= -2x-3 && \big|+2x\\ -4x+5 &= -3 && \big|-5\\ -4x &= -8 && \big|:(-4)\\ x &= 2\end{aligned}$$

Probe: $\frac{2-1}{2+1}=\frac{1}{3}$ *und* $\frac{2-3}{2-5}=\frac{-1}{-3}=\frac{1}{3}$

Ü 7.3.7 Lösen Sie auf: **a)** $(x+3)(2x-7)=(5-x)(9-2x)$;
b) $(x+3)(x-3)=(x+4)(x-5)$.

Ü 7.3.8 Lösen Sie auf: **a)** $\frac{2}{x-1}=\frac{3}{x+5}$; **b)** $\frac{x-1}{x+1}=\frac{x+1}{x-1}$; **c)** $\frac{x+3}{x+1}=\frac{6-x}{3-x}$;
d) $\frac{x}{2-x}=\frac{2x+2}{1-2x}$; **e)** $\frac{x+2}{3-x}=\frac{3-x}{x+2}$.

Ergänzende Aufgaben:

Ü 7.3.9 *Lösen Sie auf:*

a) $7x-12=2x+13$; **b)** $4x=5x-3$;
c) $12x-8=7x-18$; **d)** $-x+3=2x-2$;
e) $4x-(2-x)=7+(8x-4)$; **f)** $3x-(2x+4)=12-(x-6)$;
g) $1{,}3x-0{,}7=1{,}5+0{,}2x$; **h)** $1{,}7x+0{,}8=4{,}1-0{,}5x$;
j) $\frac{1}{6}x-\frac{2}{3}=\frac{5}{12}-\frac{1}{3}x$; **k)** $\frac{4}{5}x+\frac{3}{8}=\frac{3}{10}+\frac{3}{4}x$.

Ü 7.3.10 *Lösen Sie auf:*

a) $(x-3)(x+7)=(x-2)(x+3)$; **f)** $\frac{x-3}{x+11}=\frac{x-4}{x+3}$;
b) $(3-2x)(x+2)=(4-x)(2x-21)$; **g)** $\frac{x+2}{x+4}=\frac{x-1}{x-5}$;
c) $(x+2)(x-7)=(5+x)(x-1)$; **h)** $\frac{x+2}{x+5}=\frac{6-x}{9-x}$;
d) $(2x-1)(3x+4)=(2-x)(5-6x)$; **j)** $\frac{x-2}{x+3}=\frac{x}{x-4}$;
e) $(x+1)(x+2)=(x+3)(x+4)$; **k)** $\frac{2x-1}{6x-1}=\frac{x-2}{3x+1}$.

7.4 Anwendungen

Bei zahlreichen Anwendungsproblemen geht es darum, aus gegebenen Größen eine unbekannte Größe zu berechnen, die zu den gegebenen

Größen in einer bestimmten Beziehung steht. Die Lösung kann dann über eine Bestimmungsgleichung gefunden werden.

B 7.4.1 *Ein Rechteck von* $120m^2$ *Fläche hat eine Länge von* $15m$. *Gesucht ist die Breite* b. *Aus der Flächenformel für Rechtecke: Fläche = Breite* $\times$ *Länge ergibt sich folgende Bestimmungsgleichung für* b: $120 = b \cdot 15$, *mit der Lösung* $b = 8$.

Bei Anwendungsproblemen (so genannten eingekleideten Aufgaben) wird am besten in folgender Weise systematisch vorgegangen:

R 7.4.2

> **Schema zur Lösung von Gleichungen in Form eingekleideter Aufgaben**
>
> (1) Feststellung der gesuchten Größe und Festlegung einer Benennung für diese Größe.
> (2) Aufstellung einer Bestimmungsgleichung unter Verwendung der bekannten bzw. gegebenen Größen und der Beziehungen der gesuchten Größe zu den gegebenen Größen.
> (3) Auflösung der Bestimmungsgleichung.
> (4) Angabe des Ergebnisses.
> (5) Überprüfung der Lösung.

B 7.4.3 *a) Oskar ist* 15 *und sein Vater* 40. *In wieviel Jahren ist Oskar's Vater doppelt so alt wie er?*
Gesucht ist die Anzahl x *von Jahren, nach denen Oskar's Vater doppelt so alt ist wie er. Nach* x *Jahren ist Oskar* $15+x$ *und sein Vater* $40+x$ *Jahre alt. Da der Vater doppelt so alt sein soll wie Oskar gilt*
$2(15+x) = 40+x \Rightarrow 30+2x = 40+x \Rightarrow x = 10$.
In 10 Jahren ist Oskar's Vater doppelt so alt wie er.
Probe: Oskar ist dann $15+10 = 25$ *Jahre und sein Vater* $40+10 = 50$, *also tatsächlich doppelt so alt.*
b) Ein Arbeiter benötigt für eine Arbeit 24 *Tage und ein anderer* 8 *Tage. Wie lange benötigen sie gemeinsam?*
Gesucht ist die gemeinsam benötigte Zeit x.
Der erste Arbeiter schafft an einem Tag $\frac{1}{24}$ *der gesamten Arbeit und der zweite* $\frac{1}{8}$. *An* x *Tagen schaffen sie dann* $\frac{1}{24}x + \frac{1}{8}x$. *Da in* x *Tagen die Arbeit erledigt sein soll, gilt* $\frac{1}{24}x + \frac{1}{8}x = 1 \Rightarrow \frac{4}{24}x = 1 \Rightarrow x = 6$.
Die beiden Arbeiter schaffen die Arbeit zusammen in 6 Tagen.
Ein anderer Ansatz ist: An einem Tag schafft der erste $\frac{1}{24}$, *der zweite* $\frac{1}{8}$ *und beide gemeinsam* $\frac{1}{x}$ *der Arbeit. Also gilt* $\frac{1}{24} + \frac{1}{8} = \frac{1}{x}$.
Als Lösung erhält man denselben Wert wie oben.

Ü 7.4.4 a) *Der Student Paul ist 24 und sein Vater 45 Jahre alt. Wann war Paul halb so alt wie sein Vater?*
b) *Franziska ist 3 und ihre Mutter 27 Jahre alt. In wieviel Jahren wird die Mutter 3 mal so alt wie Franziska sein?*
c) *Paul besitzt ein Grundstück, dessen Länge 12m mehr beträgt als die Breite. Otto hat ein genauso großes Grundstück, dessen Breite 4m geringer und dessen Länge 8m größer ist als bei Pauls Grundstück. Welche Maße und welche Fläche haben die Grundstücke?*
d) *Die Fläche eines Quadrates ist gleich der Fläche eines Rechtecks, dessen eine Seite um 5m kürzer und dessen andere Seite um 10m länger ist als die Quadratseite. Welche Seitenlänge hat das Quadrat?*
e) *Paul fährt an einem Sonntag um 12.00 Uhr mit seinem Fahrrad von Paulsdorf nach dem 76 km entfernt liegenden Fritzburg. Zum gleichen Zeitpunkt beginnt sein Freund Fritz ihm entgegenzugehen. Paul fährt konstant 14 km/h und Fritz geht gleichmäßig 5 km/h. Nach welcher Zeit treffen sie sich?*
f) *Paul fährt auf einer geraden Strecke mit seinem Fahrrad konstant 15 km/h. Fritz, der eine halbe Stunde später startet, fährt konstant 18 km/h. Nach welcher Zeit hat Fritz seinen Freund Paul eingeholt?*
g) *Für eine bestimmte Arbeit benötigt A 9 Tage und B 6 Tage. Wie lange benötigen A und B gemeinsam?*
h) *Für das Ausschachten eines Grabens benötigen drei Arbeiter einzeln 10, 12 bzw. 15 Tage. Wie lange brauchen sie, wenn sie den Graben gemeinsam ausschachten?*
j) *Eine Pumpe kann ein Becken in 2h 30min leer pumpen. Eine andere Pumpe benötigt 5h 50min. In welcher Zeit ist das Becken entleert, wenn beide Pumpen gleichzeitig arbeiten?*
k) *Um 20 ℓ 40-prozentigen Alkohol zu erhalten, werden 30-prozentiger und 70-prozentiger Alkohol gemischt. Wieviel Liter der beiden Sorten werden benötigt?*
l) *Wieviel Liter einer 5-prozentigen und einer 11-prozentigen Salzlösung sind für 6 l einer 9-prozentigen Lösung zu mischen?*
m) *Aus Kaffee zu EURO 14,–/kg und zu EURO 11,–/kg sollen 45kg einer Mischung zu EURO 12,–/kg hergestellt werden. Wieviel kg sind von den beiden Sorten zu nehmen?*

Ü 7.4.5 a) *Der Student Paul betreibt nebenher eine kleine Landwirtschaft. An einem Samstag fährt er mit EURO 40,– in der Kasse zum Wochenmarkt und verkauft Kartoffeln für EURO –,20/kg. Als er mittags nach Hause fährt, hat er EURO 176,– in seiner Kasse. Wieviel kg Kartoffeln hat er verkauft?*
b) *Paul handelt auch mit Gurken, die er montags von 9.00-12.00 Uhr verkauft. Er kauft die Gurken für EURO –,68/Stück und verkauft sie für EURO –,98/Stück. Er muss EURO 24,– Standmiete bezahlen. Nicht verkaufte Gurken kann er zum Einkaufspreis wieder zurückge-*

ben. Wieviel Gurken muss er verkaufen, um seine Kosten zu decken? Wieviel muss er verkaufen, um einen Gewinn von EURO 30,– zu erzielen?

c) *Pauls Freundin Olga hat einen Telefonanschluss (Grundgebühr EURO 24,60/Monat). Die letzte Gebührenrechnung betrugt EURO 64,85. Wieviel Gebühreneinheiten sind angefallen? (Eine Gebühreneinheit kostet EURO –,23. 10 Einheiten im Monat sind gebührenfrei.)*

d) *Olga bezahlt an einer Tankstelle für 36ℓ Benzin und 2,5ℓ Öl (zu EURO 6,50/ℓ) einen Betrag von EURO 67,69. Wieviel hat 1ℓ Benzin gekostet?*

e) *Paul verkauft an einem Tag 120 Gurken. An einem anderen Tag verkauft er 135 Gurken zu einem um EURO –,10 niedrigeren Preis und hat dieselbe Einnahme. Welchen Preis hat er am ersten Tag genommen?*

f) *Paul ist an einer GmbH beteiligt. Der Kapitalanteil seiner Freundin Olga ist doppelt so groß und der Anteil seines Freundes Otto 3 mal so groß wie seiner. Wie groß ist sein Anteil am gesamten Kapital von EURO 120.000?*

g) *In den Semesterferien stellt Paul aus Rosinen, Haselnüssen und Erdnüssen Studentenfutter her. Rosinen kosten EURO 14,–/kg, Haselnüsse EURO 16,–/kg und Erdnüsse EURO 8,–/kg. Das Studentenfutter soll genau soviel Rosinen wie Nüsse enthalten. Welche Mengen werden für 80 kg Studentenfutter benötigt, wenn dieses (1) EURO 12,–/kg und (2) EURO 11,–/kg kosten soll?*

7.5 Verhältnisgleichungen

Einen Quotienten $\frac{a}{b}$ nennt man auch **Verhältnis von** a **und** b. Zwei übereinstimmende Verhältnisse $\frac{a}{b}$ und $\frac{c}{d}$ ergeben eine **Verhältnisgleichung**

$$\frac{a}{b} = \frac{c}{d} \qquad \text{bzw.} \qquad a : b = c : d.$$

Durch Umformung können für eine Verhältnisgleichung die folgenden Beziehungen hergeleitet bzw. nachgewiesen werden.

R 7.5.1

Aus $\frac{a}{b} = \frac{c}{d}$ folgt

a) $\frac{a}{c} = \frac{b}{d}$, $\frac{d}{b} = \frac{c}{a}$ und $\frac{b}{a} = \frac{d}{c}$;

b) $\frac{a+b}{b} = \frac{c+d}{d}$, $\frac{a-b}{b} = \frac{c-d}{d}$;

$\frac{a+b}{a-b} = \frac{c+d}{c-d}$, $\frac{a}{a+b} = \frac{c}{c+d}$, $\frac{a}{b-a} = \frac{c}{d-c}$.

Verhältnisgleichungen treten auch als Bestimmungsgleichungen auf. Dabei sind vor allem Anwendungsprobleme wichtig, die sich über die Gleichheit zweier Verhältnisse lösen lassen.

B 7.5.2 *a) Ein 1,5m hoher Zaunpfahl wirft einen Schatten von 2,5m. Wie hoch ist ein Haus, das zum selben Zeitpunkt einen Schatten von 50m Länge wirft?*
Zur Lösung geht man davon aus, dass zu einem bestimmten Zeitpunkt Höhe und Schattenlänge verschiedener Gegenstände das gleiche Verhältnis haben. Ist x die Höhe des Hauses, so gilt
$\frac{1,5}{2,5} = \frac{x}{50} \Rightarrow x = 30$. *Das Haus ist 30m hoch.*
b) Ein Ventilator soll 2500 Umdrehungen in der Minute haben. Das Antriebszahnrad des Motors, der 1000 Umdrehungen in der Minute macht, hat 20 Zähne. Wieviel Zähne muss das Zahnrad auf der Welle des Ventilators haben?
$\frac{2500}{1000} = \frac{20}{x} \Rightarrow x = 8$. *Das Zahnrad muss 8 Zähne haben.*

Bei Fällen wie in B 7.5.2 b) heißen die Größen (Umdrehungszahl und Anzahl der Zähne) **umgekehrt proportional** zueinander, während in B 7.5.2 a) die Größen (Höhe und Schattenlänge) **proportional** zueinander sind.

Ü 7.5.3 a) *Ein 1,8m großer Mann wirft einen Schatten von 3m Länge. Wie lang ist zur gleichen Zeit der Schatten eines 27m hohen Mastes?*
b) *Zwei verbundene Zahnräder haben 30 und 8 Zähne. Wie schnell dreht sich das Zahnrad mit 30 Zähnen, wenn das andere 2100 Umdrehungen pro Minute macht?*
c) *Pauls Alter verhält sich zu dem seines Vaters, der 33 Jahre älter ist als er, wie 2:5. Wie alt ist Paul?*
d) *Ein Wasserbecken von 350ℓ Inhalt kann durch einen Zulauf in 28 Minuten gefüllt werden. Wieviel Wasser sind nach 12 Minuten in dem Becken?*
e) *Eine Straße steigt um 3m, wenn man 80m zurücklegt. Wie weit muss man fahren, um 100m Höhenunterschied zu überwinden?*

7.6 Wurzelgleichungen

Beim Umformen von Gleichungen wurden in den vorangegangenen Abschnitten nur die 4 Grundrechenarten angewendet. Beim Auflösen von Gleichungen kann aber auch potenziert und radiziert werden. Das ermöglicht z.B. die Auflösung von Gleichungen mit Wurzelausdrücken. Da das häufig auf eine lineare Gleichung hinführt, werden solche Gleichungen hier mit behandelt.

Beim Auflösen von Wurzelgleichungen ist die gegebene Gleichung zunächst so umzuformen, dass die Wurzel isoliert auf einer Seite steht und durch Quadrieren (bzw. Potenzieren) beseitigt werden kann.

B 7.6.1 *a)* $\sqrt{x} - 6 = 2 \Leftrightarrow \sqrt{x} = 8 \Rightarrow x = 64$.
b) $\sqrt{3+x} + 2 = 4 \Leftrightarrow \sqrt{3+x} = 2 \Rightarrow 3 + x = 4 \Rightarrow x = 1$.

Wegen $a^{2n} = (-a)^{2n}$ können beim Auflösen von Wurzelgleichungen leicht Fehler auftreten, wie in dem folgenden Beispiel deutlich wird.

B 7.6.2 $\sqrt{x} + 6 = 2 \Leftrightarrow \sqrt{x} = -4 \Rightarrow x = 16$.
Die Probe ergibt aber: $\sqrt{16} + 6 = 4 + 6 = 10 \neq 2$, *d.h.* $x = 16$ *ist keine Lösung. Die gegebene Gleichung hat also keine reelle Lösung.*

Es ist deshalb zu beachten:

R 7.6.3

> Die Lösung von Wurzelgleichungen ist **immer** durch Einsetzen in die Wurzelgleichung zu prüfen (Probe).

Ü 7.6.4 Lösen Sie
a) $\sqrt{x+2} = 3$; **b)** $\sqrt{x-2} - 2 = 1$; **c)** $\sqrt{x} + 5 = 4$;
d) $\sqrt{12-x} + 2 = 8$; **e)** $\sqrt{x+1} + 1 = 1$; **f)** $\sqrt{x+3} + 2 = 1$;
g) $3 + 2\sqrt{x-1} = 4$; **h)** $5 - \sqrt{x+1} = 3$; **j)** $2\sqrt{5-x} = 3\sqrt{8+x}$;
k) $3\sqrt{25-x} + 2 = 4\sqrt{25-x}$.

7.7 Prozentrechnung

Eine spezielle Anwendung von Verhältnisgleichungen ist die Prozentrechnung.

D 7.7.1

> Ein Prozent (meist geschrieben 1%) einer Größe g ist der hundertste Teil von g. p% sind p Hundertstel von g.
> p heißt **Prozentsatz** und g **Grundwert**. p Hundertstel von g ist der **Prozentwert** w. Es gilt
> $p : 100 = w : g$.

Sind in der Verhältnisgleichung $p : 100 = w : g$ zwei Größen gegeben, so kann man die dritte bestimmen. Die Prozentrechnung führt somit im Ansatz auf eine Verhältnisgleichung.

B 7.7.2 *a) Auf einen Rechnungsbetrag von EURO* 468,– *wird ein Preisnachlass von* 5% *gewährt. Wie hoch ist dieser?*
$5 : 100 = x : 468 \Rightarrow x = 23{,}40$. *Der Preisnachlass beträgt EURO* 23,40.
b) Von 11.000 *Studenten sind* 2.750 *weiblich. Wie hoch ist der Prozentsatz der weiblichen Studierenden?*
$x : 100 = 2750 : 11000 \Rightarrow x = 25$. *Es gibt* 25% *weibliche Studierende.*

Ü 7.7.3 a) *Eine Rechnung lautet über EURO* 1648,50. *Bei Barzahlung werden* 2% *Skonto gewährt. Wie hoch ist der Skonto-Betrag?*
b) *Auf einen Netto-Rechnungsbetrag von EURO* 728,– *sind* 16% *Mehrwertsteuer zu entrichten. Wieviel EURO sind das?*
c) *In einer Großstadt mit* 268.500 *Einwohnern sind* 9,2% *der Einwohner Ausländer. Wieviel Ausländer leben in der Stadt?*
d) *Bei der Wahl zum Vorsitzenden eines Vereins entfallen auf den Kandidaten A* 58, *auf B* 137 *und auf C* 91 *Stimmen. Wie ist die prozentuale Aufteilung der Stimmen? (Ergebnisse auf* 1 *Stelle nach dem Komma runden!)*
e) *Im Sommerschlussverkauf wird der Preis eines Anzuges für EURO* 398,– *um EURO* 100,– *herabgesetzt. Wieviel Prozent beträgt der Nachlass?*
f) *In einem Betrieb, der* 32% *Frauen beschäftigt, arbeiten* 592 *Frauen. Wieviel Mitarbeiter hat der Betrieb?*
g) *Ein Betrieb entrichtet in einem Monat EURO* 78.114,40 *Umsatzsteuer. Wie hoch ist der Netto-Umsatz (ohne Umsatzsteuer), wenn der Steuersatz* 16% *beträgt?*

Nicht alle Aufgaben der Prozentrechnung führen auf eine einfache Verhältnisgleichung der Form $p : 100 = w : g$ wie in D 7.7.1.

B 7.7.4 *a) Wieviel Umsatzsteuer (Steuersatz* 16%*) ist in einem Rechnungsbetrag von EURO* 515,62 *enthalten?*
Der Rechnungsbetrag entspricht „Prozentwert + Grundwert".
Es gilt nun (vgl. D 7.7.1 *und R* 7.5.1*b))*
$p : (100+p) = w : (g+w)$. *Gesucht ist* $w = \frac{p\cdot(g+w)}{100+p} = \frac{16\cdot 515{,}62}{116} = 71,12$.
Der Rechnungsbetrag enthält also EURO 71,12 *Umsatzsteuer.*
b) Jemand bezahlt auf eine Rechnung, nachdem er 2% *Skonto abgezogen hat, EURO* 233,63. *Wie lautet der ursprüngliche Rechnungsbetrag?*
Nach R 7.5.1*b) gilt auch* $(100 - p) : 100 = (g - w) : g$.
Gesucht ist g. *Es ergibt sich*
$g = \frac{(g-w)\cdot 100}{100-p} = \frac{233{,}63\cdot 100}{98} = 238,40$. *Der ursprüngliche Rechnungsbetrag lautet also EURO* 238,40.

Ü 7.7.5 a) *Paul kauft ein Auto für EURO* 5.000,– *und verkauft es für EURO* 5.700,–. *Wieviel Prozent beträgt sein Überschuss?*
b) *Eine Rechnung lautet über EURO* 153,–. *In diesem Betrag ist die Umsatzsteuer enthalten. Der Steuersatz beträgt* 16%. *Wie groß ist der steuerpflichtige Umsatz?*
c) *Wieviel Prozent Alkohol enthält eine Mischung aus* 150 *ccm reinem Alkohol und* 600 *ccm Wasser?*
d) *Der Verkaufspreis für einen Mantel wird im Sommerschlussverkauf von EURO* 298,– *auf EURO* 198,– *herabgesetzt. Wieviel Prozent beträgt die Preisermäßigung?*

e) *Jemand bekommt nach einer Lohnerhöhung von* 6,5% *einen Stundenlohn von EURO* 15,60. *Welchen Lohn hat er vorher bekommen?*
f) *Franz kauft ein Fahrrad. Er erhält* 8% *Preisnachlass und bezahlt EURO* 552,–. *Wie hoch war der ursprungliche Preis für das Fahrrad?*
g) *Die Einwohnerzahl einer Großstadt in einer strukturschwachen Region nimmt in* 10 *Jahren um* 4,8% *ab und beträgt heute* 262.458. *Wie hoch war die Einwohnerzahl vor* 10 *Jahren?*
h) *In einem Jahr hat der Umsatz eines Betriebes um EURO* 582.000 *oder* 13,2% *gegenüber dem Vorjahr zugenommen. Wie groß ist der Umsatz nach dieser Zunahme?*
j) *Die verkaufte Auflage einer Tageszeitung steigt innerhalb eines Jahres von* 285.200 *auf* 302.600. *Wieviel Prozent beträgt die Steigerung?*

Häufig kommen auch zwei- oder mehrstufige Prozentrechnungen vor.

B 7.7.6 *Ein Auto soll EURO* 16.700,– *kosten. Der Verkäufer gewährt* 6% *Preisnachlass und auf den ermäßigten Preis* 2% *Skonto wegen Barzahlung. Wieviel muss für das Auto bezahlt werden?*
Es ist (6% Preisnachlass) $(100-6):100 = x:16700$ *und (2% Skonto)* $(100-2):100 = y:x$. *Daraus ergibt sich*
$y = x \cdot \frac{(100-2)}{100} = 16700 \cdot \frac{100-6}{100} \cdot \frac{100-2}{100} = 15384,04$. *Es müssen also EURO* 15384,04 *für das Auto bezahlt werden.*

Prozentrechnungen wie in B 7.7.6 lassen sich vereinfachen, wenn man Folgendes beachtet:

R 7.7.7

Den um den Prozentwert w verminderten Grundwert g erhält man aus $x = g - w = g \cdot \frac{100-p}{100} = g(1 - \frac{p}{100})$. Den um den Prozentwert w vermehrten Grundwert g erhält man aus $x = g + w = g \cdot \frac{100+p}{100} = g(1 + \frac{p}{100})$.

Bei Anwendung von R 7.7.7 ist der Grundwert ein- oder mehrmal mit dem Faktor $1 - \frac{p}{100}$ bzw. $1 + \frac{p}{100}$ zu multiplizieren (in B 7.7.6 mit 0,94 und 0,98).

Ü 7.7.8 a) *Ein Betrieb hat* 2002 *einen Umsatz von EURO* 11.500.000,–. 2003 *steigt der Umsatz um* 11%, 2004 *um* 5% *und* 2005 *um* 2%. *Wie hoch ist der Umsatz* 2005*?*
b) *Auf eine Sitzgarnitur für EURO* 5.600 *werden in einer Sonderaktion* 8% *Preisnachlass gewährt. Ein Käufer bekommt auf den ermäßigten Preis weitere* 6% *Nachlass wegen leichter Verschmutzungen (der Sitzgarnitur) und* 2% *Skonto wegen Barzahlung. Wieviel muss er bezahlen?*
c) *Der Stromverbrauch einer Gemeinde betrug* 2000 182.000 *MWh.*

2001 *nimmt er um* 6% *und* 2002 *um* 3% *zu.* 2003 *sinkt er um* 7%. *Wie hoch ist der Stromverbrauch* 2003*?*

Bei den folgenden Aufgaben kann R 7.7.7 nicht oder nicht allein angewendet werden.

Ü **7.7.9 a)** *Vom Nettoladenverkaufspreis (Verkaufspreis abzüglich Umsatzsteuer, Steuersatz* 7%*) eines Buches erhält ein Autor* 8% *Autorenhonorar. Wieviel Honorar erhält er für jedes verkaufte Buch, bei einem Verkaufspreis von EURO* 48,–.

b) *Der Gewinn eines Erzeugnisses beträgt* 6% *vom Nettowarenwert (Verkaufpreis abzüglich* 16%*-ige Umsatzsteuer). Wie hoch ist der Gewinn bei einem Verkaufspreis von EURO* 523,–*?*

c) *Auf die Selbstkosten eines Erzeugnisses wurden* 4% *für Gewinn aufgeschlagen.* 3% *der Selbstkosten entstehen für Provisionen. Wieviel EURO beträgt die Provision bei einem kalkulierten Preis von EURO* 1.310,40*?*

Bei der Lösung von Aufgabenstellungen zur Prozentrechnung und der Interpretation der Ergebnisse ist jeweils auf die richtige Bezugsgröße zu achten, um Fehler bzw. Missverständnisse zu vermeiden.

B 7.7.10 *In einer Meldung der Braunschweiger Zeitung vom* 26.05.81 *wird darüber berichtet, dass für den wöchentlichen Haushaltsbedarf einer Familie mit* 2 *Kindern einmal DM* 188,28 *und bei preisbewusstem Einkauf DM* 127,32 *ausgegeben werden. Es heißt dann: „An diesem Beispiel demonstriert die Verbraucherberatung augenfällig, wie ein preisbewusster Einkauf der Familie fast* 48 *Prozent Ausgaben für Lebensmittel ersparen kann.“ Bei der Ersparnis ist aber von DM* 188,28 *als Grundwert auszugehen. Sie beträgt dann nur* 32,4%.

Ü **7.7.11 a)** *Nach* 12% *Steigerung beträgt der Umsatz eines Unternehmens EURO* 1.512.000,–. *Wie hoch war der Umsatz vorher?*

b) *Wieviel Prozent Alkohol enthält eine Mischung aus* 191 *ccm Alkohol und* 639 *ccm Wasser?*

c) *Der Benzinverkauf an einer Tankstelle beträgt* 72.834ℓ *in einem Monat. In den folgenden Monaten ändert er sich, jeweils bezogen auf den Vormonat, wie folgt:* +4%, –8%, –2%, +3%. *Wieviel Liter werden jetzt verkauft?*

d) *Eine Firma gewährt* 10% *Nachlass vom Listenpreis, auf den ermäßigten Preis* 6% *Sonderrabatt und schließlich noch* 2% *Skonto bei Barzahlung. Um wieviel Prozent reduziert sich der Preis bei Barzahlung?*

e) *Ein Betrieb benötigt pro Monat* 65.000 *Schrauben. Bei der Lagerung wird mit* 3% *Schwund gerechnet. Bei der Fertigung ist mit einem Verlust von* 4% *zu rechnen. Wieviel Schrauben müssen für einen Monat eingekauft werden?*

f) *Die Provision eines Vertreters beträgt 4% vom Netto-Auftragswert (ohne Umsatzsteuer). Wie hoch ist die Provision bei einem Auftrag von EURO* 38.760,– *(Einschließlich* 16% *Umsatzsteuer)?*

7.8 Einfache Zinsrechnung

Ein spezieller Anwendungsbereich der Prozentrechnung (und damit auch der Verhältnisgleichungen) ist die Zinsrechnung.

Zinsen sind das Entgelt für die leihweise Überlassung eines Geldbetrages. Sind für 1 Jahr p% des Kapitals als Zinsen zu bezahlen, so ist es zu einem **Zinsfuß** von p% oder **Zinssatz** von $i = p : 100$ ausgeliehen. Manchmal wird der Zinsfuß bzw. Zinssatz auch auf kürzere Perioden als 1 Jahr bezogen. Das Kapital zu Beginn eines Betrachtungszeitraumes heißt **Anfangskapital** K_0 und das Kapital zum Ende **Endkapital** K_n.

Für die in einem Jahr für ein Kapital K bei einem Zinsfuß von p% zu zahlenden Zinsen Z gilt

R 7.8.1

$$p : 100 = Z : K \text{ oder } Z = \frac{p}{100} K$$

B 7.8.2 *a) Für EURO* 7.600,– *sind bei einem Zinsfuß von* 9,5% *in einem Jahr*
$Z = \frac{9{,}5 \cdot 7.600}{100} = 722$ *EURO an Zinsen zu zahlen.*
b) Sind für ein Kapital von EURO 12.600,– *in einem Jahr EURO* 1.474,20 *Zinsen bezahlt worden, so betrug der Zinsfuß*
$p = \frac{1.474{,}20 \cdot 100}{12.600} = 11{,}7\%$.

Ü 7.8.3 a) *Wieviel Zinsen sind für EURO* 28.400,– *bei einem Zinsfuß von* 12,3% *in einem Jahr zu zahlen?*
b) *Für ein Kapital werden bei einem Zinsfuß von* 16,5% *in einem Jahr EURO* 2557,50 *Zinsen gezahlt. Wie hoch war das Kapital?*
c) *Jemand verleiht EURO* 12.000,– *und erhält nach einem Jahr EURO* 13.632,– *zurück. Wie hoch war der Zinsfuß?*
d) *Wieviel Geld hat jemand zu* 15,8% *auf ein Jahr verliehen, der* 1910,70 *EURO zurückgezahlt bekommt?*

Wird ein Kapital länger als 1 Jahr verzinst, dann sind zwei Fälle zu unterscheiden:

(1) Die am Ende eines Jahres fälligen Zinsen werden dem Kapital gutgeschrieben und dann im folgenden Jahr ebenfalls verzinst. Es wird dann von **Zinseszinsen** gesprochen. Die Behandlung der damit zusammenhängenden Probleme ist Aufgabe der **Zinseszinsrechnung**. Auf der Zinseszinsrechnung baut die Finanzmathematik auf. Darauf wird hier nicht eingegangen. (Vgl. dazu Band 1 der Mathematik für Wirtschaftswissenschaftler.)

(2) Die am Ende eines Jahres fälligen Zinsen werden nicht verzinst. In diesem Fall liegt **einfache Verzinsung** vor.

R 7.8.4 In n Jahren wächst ein Kapital K_0 bei einem Zinsfuß von $p\%$ bei **einfacher Verzinsung** auf
$K_n = K_0 + K_0 \frac{p}{100} n = K_0(1 + \frac{p}{100} n)$

B 7.8.5 *a) EURO* 5.000,– *wachsen bei einem Zinsfuß von* 6,5% *in* 7 *Jahren bei einfacher Verzinsung auf* $K_7 = 5.000(1+0{,}065 \cdot 7) = 7.275, -.$
b) EURO 3.500,– *sind bei einfacher Verzinsung in* 6 *Jahren auf EURO* 5.264,– *angewachsen. Der Zinsfuß betrug*
$p = \frac{(K_n/K_0 - 1) \cdot 100}{n} = 8{,}4\%.$

Ü 7.8.6 a) *EURO* 8.500,– *werden zu einfacher Verzinsung auf* 3 *Jahre zu* 9,6% *ausgeliehen. Wieviel Zinsen werden insgesamt fällig?*
b) *Auf ein Kapital von EURO* 15.500,– *wurden in* 5 *Jahren EURO* 8.912,50 *Zinsen bei einfacher Verzinsung gezahlt. Wie hoch war der Zinsfuß?*
c) *Jemand hat auf ein Kapital bei* 6,8% *einfacher Verzinsung in* 4 *Jahren EURO* 775,20 *an Zinsen bekommen. Wie hoch war das Kapital?*
d) *Für EURO* 8.200,– *hat jemand bei* 12,2% *einfacher Verzinsung Zinsen von EURO* 7.002,80 *gezahlt. Wie lange hat er das Geld geliehen?*

In vielen Fällen sind Zinsen auch für kleinere Zeiträume als 1 Jahr zu berechnen. Dabei geht man aus rechentechnischen und anderen Gründen davon aus, dass 1 Jahr 12 Monate zu je genau 30 Tagen hat.

R 7.8.7 Für ein Kapital K fallen bei einem Zinsfuß von p in m Monaten $Z = K \cdot \frac{pm}{100 \cdot 12}$ und in t Tagen $Z = K \cdot \frac{pt}{100 \cdot 360}$ Zinsen an.

Bei der Bestimmung der Anzahl der **Zinstage** t wird der erste Tag nicht mitgerechnet, wohl aber der letzte. Jeder Monat wird zu 30 Tagen gerechnet.

B 7.8.8 *Vom* 22.02. *bis zum* 28.05. *ergeben sich* 8 *Zinstage* (= 30 – 22) *im Februar, je* 30 *im März und April und* 28 *im Mai, also ingesamt* 96.

Im Geschäftsverkehr zwischen oder in Unternehmungen und vor allem von Banken wird die letzte Formel in R 7.8.7 meist in folgender Form verwendet:

R 7.8.9 $Z = \frac{Kt}{100} : \frac{360}{p}$ = Zinszahl : Zinsdivisor

Bei fortlaufender Zinsberechnung, z.B. für ein laufendes Konto oder ein Sparkonto, wird dann nach jeder Kontenbewegung eine neue Zinszahl berechnet. Bei einem Abschluss wird dann die Summe der Zinszahlen durch den Zinsdivisor geteilt, um die Zinsen zu erhalten. Darauf wird hier nicht im Einzelnen eingegangen. Es werden nur einige einfache Fälle der Berechnung von Zinsen für kleine Zeiträume behandelt.

B 7.8.10 *Paul leiht sich vom* 25.01. *bis zum* 10.03. *EURO* 2.600,– *zu* 14,5%. *Wieviel Zinsen muss er bezahlen?*
Da 1 *Monat* 30 *Zinstage hat, sind für* 45 *Tage Zinsen zu bezahlen, und es ergibt sich* $Z = 2600 \cdot \frac{14{,}5 \cdot 45}{100 \cdot 360} = 47{,}13$.

Ü 7.8.11 a) *Jemand leiht sich am* 17.05. *EURO* 5.800,– *zu einem Zinsfuß von* 12,8%. *Wieviel muss er am* 12.09. *zurückzahlen?*
b) *Wieviel Zinsen müssen bei einem Zinsfuß von* 10% *für EURO* 10.000,– *vom* 14.10. *bis zum* 06.12. *bezahlt werden?*
c) *Am* 04.08. *werden EURO* 5.000,– *auf ein Sparkonto eingezahlt. Wieviel Zinsen fallen dafür bei einem Zinsfuß von* 4,5% *bis zum Jahresende an?*
d) *Für EURO* 3.600,– *werden vom* 20.01. *bis zum* 20.03. *EURO* 51,– *Zinsen gezahlt. Wie hoch ist der Zinsfuß?*
e) *Für EURO* 8.700,– *werden vom* 06.03. *bis zum* 28.06. *EURO* 167,81 *Zinsen gezahlt. Wie hoch ist der Zinsfuß?*
f) *Jemand hat EURO* 2.400,– *zu* 12% *ausgeliehen und erhält am* 16.10. *EURO* 2.488,– *zurück. Wann hat er das Geld verliehen?*
g) *An welchem Tag wurden EURO* 4.200,– *zu* 16,5% *ausgeliehen, wenn am* 11.11. *EURO* 4.525,33 *zurückgezahlt werden?*

7.9 Potenz- und Exponentialgleichungen

In diesem Abschnitt werden zwei Formen nichtlinearer Gleichungen behandelt, die bei einigen Anwendungen auftreten können.

D 7.9.1 Eine Gleichung $x^a = b$ mit $a \neq 0, x > 0$ und $b > 0$ heißt **Potenzgleichung.**

Spezialfälle der Potenzgleichung ergeben sich für $a = 1$ (lineare Gleichung) und $a = 2$ (reinquadratische Gleichung, siehe Abschnitt 9.1).

R 7.9.2 Die (positive) Lösung der Potenzgleichung $x^a = b$ ergibt sich aus $x = \sqrt[a]{b} = b^{\frac{1}{a}}$.

Mit Hilfe eines Taschenrechnerns, der eine Funktionstaste für beliebige Potenzen hat (meistens mit der Aufschrift y^x), lassen sich Potenzgleichungen einfach lösen.

B 7.9.3 *a)* $x^4 = 7 \Rightarrow x = 7^{\frac{1}{4}} = 1{,}6266$; *b)* $x^{12} = 2 \Rightarrow x = 2^{\frac{1}{12}} = 1{,}0595$; *c)* $x^{0,3} = 12 \Rightarrow x = 12^{\frac{1}{0,3}} = 3.956{,}1324$.

Ü 7.9.4 *Bestimmen Sie die Lösungen:* **a)** $x^3 = 12$; **b)** $x^9 = 2$; **c)** $x^3 = 100$; **d)** $x^{0,2} = 4$; **e)** $x^{0,8} = 5$; **f)** $x^{3,7} = 85$;.

Potenzgleichungen mit ganzzahligem, geraden Exponenten können jeweils zwei Lösungen haben, da für gerades n gilt $a^n = (-a)^n$.

B 7.9.5 $x^6 = 64$ *ist für* $x = 2$ *und* $x = -2$ *erfüllt.*

Bei den so genannten Exponentialgleichungen steht die Variable x im Exponenten.

D 7.9.6 Eine Gleichung $a^x = b$ mit $a > 0$ und $b > 0$ heißt **Exponentialgleichung**.

Für die Lösung einer Exponentialgleichung werden Logarithmen benötigt. Hier werden dazu die dekadischen Logarithmen herangezogen. Geeignet ist aber auch jedes andere Logarithmensystem.

In Erweiterung von R 7.2.1 für das Umformen von Gleichungen wird zunächst festgestellt:

R 7.9.7 Eine Gleichung bleibt erhalten, wenn von beiden Seiten die Logarithmen zur selben Basis gebildet werden, d.h. $u = v \Leftrightarrow \log_a u = \log_a v$ für $u > 0$ und $v > 0$.

Wird R 7.9.7 auf eine Exponentialgleichung angewendet, so ergibt sich (für dekadische Logarithmen) $a^x = b \Leftrightarrow \log(a^x) = \log b$. Durch Anwendung von R 6.2.3 erhält man $x \log a = \log b$ und damit $x = \frac{\log b}{\log a}$.

R 7.9.8 Als **Lösung einer Exponentialgleichung** $a^x = b$ ergibt sich
$x = \frac{\log b}{\log a}$.

B 7.9.9 *a)* $5^x = 20 \Rightarrow x = \frac{\log 20}{\log 5} = \frac{1{,}30103}{0{,}69897} = 1{,}8614$;
b) $2{,}7^x = 43{,}8 \Rightarrow x = \frac{\log 43{,}8}{\log 2{,}7} = \frac{1{,}64147}{0{,}43136} = 3{,}8053$.

Ü 7.9.10 *Bestimmen Sie die Lösungen:*
a) $3^x = 48$; **b)** $4^x = 64$; **c)** $2{,}5^x = 1627$; **d)** $2^x = 1000$;
e) $3^x = 1000$; **f)** $1{,}05^x = 2$; **g)** $1{,}1^x = 2$; **h)** $1{,}8^x = 1{,}2$.

8 Lineare Gleichungen mit mehreren Variablen

8.0 Vortest

Ü **8.0.1** *Lösen Sie auf:* **a)** $3x + 4y = 18$ *und* $6x - 2y = 6$.
b) $2x + 5y = 12$ *und* $4x + 10y = 16$.

Ü **8.0.2 a)** 6 *Brötchen und* 2ℓ *Milch kosten EURO* 3,70.
4 *Brötchen und* 3ℓ *Milch kosten EURO* 4,30.
Wieviel kostet 1 *Brötchen und* 1ℓ *Milch?*
b) *Wieviel kg Kaffee zu EURO* 11,–/*kg und EURO* 13,–/*kg müssen genommen werden, um* 30 *kg einer Mischung zu EURO* 12,20 *zu erhalten?*

8.1 Lineare Gleichungssysteme mit zwei Variablen

Für die Lösung vieler Anwendungsprobleme spielen lineare Gleichungen mit zwei (oder mehr) Variablen eine Rolle.

D 8.1.1

> Eine Gleichung mit einer Variablen heißt **linear**, wenn die Variable nur in der ersten Potenz vorkommt:
>
> $$ax = b.$$
>
> Eine Gleichung mit mehreren Variablen heißt linear, wenn die Variablen nur in der ersten Potenz vorkommen und keine Produkte von zwei oder mehr Variablen auftreten.

$ax + by + cz = d$ mit den Variablen x, y und z ist linear.

B 8.1.2 *Der Student Paul geht morgens zum Kaufmann und holt sich* 2 *Brötchen und* 1ℓ *Milch für sein Frühstück. Er bezahlt EURO* 2,60 *dafür. Als er zu Hause ausrechnen will, was* 1 *Brötchen und* 1ℓ *Milch kosten, versucht er dafür eine Gleichung aufzustellen. Er bezeichnet* *den Brötchenpreis mit B und den Milchpreis mit M und erhält folgende Gleichung:* $2B + 1M = 2{,}60$. *Diese lineare Gleichung enthält zwei Variablen, B und M.*

Das Problem in B 8.1.2 führt auf eine Gleichung, die allgemein von folgender Form ist $ax + by = c; a, b, c \in \mathbb{R}; a \neq 0, b \neq 0$.

Hierbei sind x und y die Variablen. Eine solche Gleichung ist **nicht eindeutig lösbar**. Die Auflösung nach x ergibt z.B.

$$x = \tfrac{c}{a} - \tfrac{b}{a}y.$$

Zu jedem zulässigen Wert von y, den man in diese Gleichung einsetzt, gibt es dann einen Wert von x.

B 8.1.3 *Für die Gleichung in* B 8.1.2 *ergibt die Auflösung nach B* $B = 1{,}3 - 0{,}5M$. *Es sind also z.B. folgende Wertepaare* (B, M) *Lösungen der Gleichung:* $(0{,}30; 2); (0{,}40; 1{,}80); (0{,}50; 1{,}60); (0{,}60; 1{,}40), \ldots$. *Die vorhandenen Informationen reichen nicht aus, um Milch und Brötchenpreis zu bestimmen.*

Allgemein gilt:

R 8.1.4 Ist die Grundmenge der linearen Gleichung $ax + by = c$ $\mathbb{N}, \mathbb{Z}, \mathbb{Q}$ oder $\mathbb{R}$, so besitzt die Gleichung unendlich viele Lösungen.

Bei Anwendungen von linearen Gleichungen mit zwei (oder mehr) Variablen gibt es im Regelfall jedoch mehr als eine Gleichung.

B 8.1.5 *(Es wird an Beispiel* 8.1.2 *angeknüpft.) Der Student Paul kauft am nächsten Morgen* 4 *Brötchen und* 1ℓ *Milch und bezahlt EURO* 3,40. *Für die Lösung seines Problems „Bestimmung von Brötchen- und Milchpreis" hat er jetzt* 2 *Gleichungen mit* 2 *Variablen*
$2B + M = 2{,}6$ *und* $4B + M = 3{,}4$.

Gibt es für zwei (oder mehr) Variablen zwei (oder mehr) lineare Gleichungen, dann liegt ein **lineares Gleichungssystem** vor. Bei zwei Gleichungen und zwei Variablen hat ein lineares Gleichungssystem folgende allgemeine Form

$$a_1x + b_1y = c_1$$
$$a_2x + b_2y = c_2.$$

Für Gleichungen mit zwei (oder mehr) Variablen gilt R 7.2.1 ebenfalls. Für Gleichungssysteme gilt zusätzlich:

R 8.1.6 Die Lösungsmenge eines Gleichungssystems bleibt unverändert, wenn ein Vielfaches einer Gleichung zu einer anderen addiert wird.

Mit Hilfe von R 7.2.1 und R 8.1.6 können lineare Gleichungssysteme gelöst werden. Darauf wird im nächsten Abschnitt eingegangen.

Gleichungssysteme sind in manchen Fällen gar nicht lösbar und manchmal zwar lösbar, aber nicht eindeutig lösbar. Im übernächsten Abschnitt wird deshalb kurz auf die Frage der Lösbarkeit von Gleichungssystemen eingegangen.

Beachte: Die Lösung eines linearen Gleichungssystems sollte immer durch Einsetzen in die gegebenen Gleichungen überprüft werden.

8.2 Lösung linearer Gleichungssysteme mit zwei Variablen

Für die Bestimmung der Lösungsmenge eines linearen Gleichungssystems mit 2 Gleichungen und 2 Variablen gibt es verschiedene Verfahren. Bei allen geht es darum, durch Anwendung zulässiger Rechenoperationen für Gleichungen (siehe R 7.2.1) bzw. Gleichungssysteme (R 8.1.6) zunächst eine Gleichung zu bestimmen, die nur noch eine Variable enthält.

Lösung durch Einsetzen

R 8.2.1 Ein lineares Gleichungssystem mit 2 Gleichungen (I und II) und 2 Variablen (x und y) kann wie folgt gelöst werden:

(1) Auflösen von Gleichung I (oder II) nach y.
(2) Einsetzen des für y bestimmten Ausdrucks in Gleichung II (oder I).
(3) Auflösen von Gleichung II (oder I) nach der nunmehr nur noch vorhandenen Variablen x.
(4) Einsetzen des Lösungswertes für x in Gleichung I (oder II).
(5) Auflösen von Gleichung I (oder II) nach y.

Anstelle von (4) und (5) kann man x auch in die nach y aufgelöste Gleichung einsetzen (Schritt (1)).

Statt nach y kann man auch erst nach x auflösen. Die Anwendung von R 8.2.1 veranschaulicht das folgende Beispiel:

B 8.2.2 *Folgendes Gleichungssystem ist gegeben:*
(I) $x + 3y = 10$; *(II)* $2x + 2y = 12$
Die Auflösung ergibt:
(1) $y = \frac{10}{3} - \frac{1}{3}x$
(2) $2x + 2(\frac{10}{3} - \frac{1}{3}x) = 12$
(3) $2x + \frac{20}{3} - \frac{2}{3}x = 12 \Rightarrow \frac{4}{3}x = \frac{16}{3} \Rightarrow x = 4$
(4) $4 + 3y = 10$
(5) $3y = 6 \Rightarrow y = 2$
Das Gleichungssystem hat die Lösung $(x; y) = (4; 2)$.

Ü 8.2.3 *Lösen Sie die folgenden Gleichungssysteme durch Einsetzen:*
a) $3x + 2y = 9$, $4x + 5y = 19$; **b)** $x - 2y = 1$, $3x - y = 18$; **c)** $2x + y = 1$, $x + 2y = 8$.

Lösung durch Gleichsetzen

R 8.2.4

Ein lineares Gleichungssystem mit 2 Gleichungen (I und II) und 2 Variablen (x und y) kann wie folgt gelöst werden:
(1) Auflösen beider Gleichungen nach x (oder y).
(2) Gleichsetzen der beiden für x (oder y) erhaltenen Ausdrücke und Auflösen der so erhaltenen Gleichung nach y (oder x).
(3) Einsetzen des Lösungswertes für y (oder x) in Gleichung I oder II und Auflösen nach x (oder y).

B 8.2.5 *Für die Gleichungen aus* B 8.2.2 *ergibt sich*
(1) *I:* $y = \frac{10}{3} - \frac{1}{3}x$; *II:* $y = 6 - x$
(2) $\frac{10}{3} - \frac{1}{3}x = 6 - x \Rightarrow \frac{2}{3}x = 6 - \frac{10}{3} = \frac{8}{3} \Rightarrow x = 4$
(3) $2 \cdot 4 + 2y = 12 \Rightarrow y = 2$.

Ü 8.2.6 *Lösen Sie die folgenden Gleichungssysteme durch Gleichsetzen:*
a) $2x - y = 5$, $3x + y = 5$; **b)** $4x + 8y = 36$, $6x - 2y = 26$; **c)** $3x + 4y = -2$, $5x - y = 12$.

Schließlich kann ein Gleichungssystem mit 2 Gleichungen und 2 Variablen auch dadurch gelöst werden, dass unter Verwendung von R 8.1.6 ein geeignetes Vielfaches einer Gleichung zu der anderen addiert wird, so dass sich nach der Addition eine Gleichung mit nur noch einer Variablen ergibt. Das geschieht als

Lösung durch Addition von Gleichungen

R 8.2.7

Ein lineares Gleichungssystem mit 2 Gleichungen und 2 Variablen kann wie folgt gelöst werden:
(1) Addiere ein geeignetes Vielfaches einer Gleichung zu der anderen Gleichung, so dass die sich ergebende Gleichung nur noch eine Variable enthält.
(2) Löse die durch die Addition bestimmte Gleichung nach der darin enthaltenen Variablen auf.
(3) Setze den in (2) gefundenen Lösungswert für eine Unbekannte in eine der beiden ursprünglichen Gleichungen ein und löse nach der anderen Variablen auf.

Im ersten Schritt geht es vor allem darum, einen möglichst einfachen Ansatz für die Addition zu finden.

B 8.2.8 *a) Für die Gleichungen aus* B 8.2.2 *kann das* (-2)*-fache von Gleichung I zu Gleichung II addiert werden:*

$$\begin{array}{rcl} -2x-6y & = & -20 \\ 2x+2y & = & 12 \\ \hline -4y & = & -8 \quad \Rightarrow y=2 \end{array}$$

Einsetzen von $y=2$ *in I ergibt:* $x+6=10 \Rightarrow x=4$.

b) $6x-2y=12$ *und* $4x+2y=18$.
Da $(-2y)+2y=0$ *ergibt, werden beide Gleichungen addiert:*

$$\begin{array}{rcl} 6x-2y & = & 12 \\ 4x+2y & = & 18 \\ \hline 10x & = & 30 \quad \Rightarrow x=3 \end{array}$$

Einsetzen in die erste Gleichung ergibt:
$18-2y=12 \Rightarrow -2y=-6 \Rightarrow y=3$.

Ü 8.2.9 *Lösen Sie durch Addition von Gleichungen:*

a) $\begin{array}{rcl} x+2y & = & 6 \\ 3x-2y & = & 10; \end{array}$ **b)** $\begin{array}{rcl} 2x+2y & = & 6 \\ 4x-3y & = & 26; \end{array}$ **c)** $\begin{array}{rcl} 2x+3y & = & 4 \\ 3x+2y & = & 1. \end{array}$

Für die Anwendung ist es gleichgültig, welches der drei Lösungssverfahren verwendet wird.

8.3 Zur Lösbarkeit linearer Gleichungssysteme

Lineare Gleichungssysteme mit 2 Gleichungen und 2 Variablen sind nicht immer eindeutig lösbar, wie die im vorhergehenden Abschnitt betrachteten Gleichungssysteme. Grundsätzlich sind **3 Fälle** möglich.

R 8.3.1 Bei der **Lösung eines linearen Gleichungssystems** sind die folgenden Fälle möglich:

(1) Ein Gleichungssystem ist **eindeutig lösbar**, d.h. es existiert genau eine Lösung des Systems. Beispiele dazu sind im vorhergehenden Abschnitt zu finden.

(2) Das Gleichungssystem besitzt **mehrere Lösungen** (mit $\mathbb{N}$ oder einer übergeordneten Grundmenge unendlich viele). (Siehe dazu B 8.3.2.)

(3) Das Gleichungssystem ist **nicht lösbar**. (Siehe B 8.3.4.)

B 8.3.2 *Das Gleichungssystem* $3x+2y=7$ *und* $6x+4y=14$ *ist nicht eindeutig lösbar. Wird beispielsweise die erste Gleichung nach* x *aufgelöst und in die zweite eingesetzt, ergibt sich* $6\cdot(\frac{7}{3}-\frac{2}{3}y)+4y=14 \Rightarrow 14=14$. *Diese identische Gleichung ist für die Lösung wertlos. Auch mit anderen Lösungsverfahren kommt man nicht weiter.* $x=\frac{7}{3}-\frac{2}{3}y$ *oder (nach* y *aufgelöst)* $y=\frac{7}{2}-\frac{3}{2}x$ *ist die mehrdeutige Lösung. Für* y *(bzw.* x*) kann ein beliebiger Wert vorgegeben werden, zu dem dann* x *(bzw.* y*) bestimmt werden kann.*

In B 8.3.2 kann die zweite Gleichung aus der ersten bestimmt werden, indem die erste Gleichung mit 2 multipliziert wird. Das ist der Grund dafür, dass keine eindeutige Lösung existiert. Allgemein gilt:

R 8.3.3 Gegeben seien 2 Gleichungen mit 2 Variablen. Kann eine Gleichung aus der anderen mit Hilfe von Rechenoperationen nach R 7.2.1 hergeleitet werden, ist das Gleichungssystem nur mehrdeutig lösbar.

B 8.3.4 *Das Gleichungssystem* $2x+y=5$ *und* $4x+2y=11$ *ist nicht lösbar: Wird die erste Gleichung nach* y *aufgelöst und in die zweite Gleichung eingesetzt, ergibt sich* $4x+2\cdot(5-2x)=11 \Rightarrow 10=11$. *Die Auflösung führt also zu einem Widerspruch. Dieser Widerspruch steckt schon in den beiden Gleichungen. Wird die erste Gleichung mit 2 multipliziert, so ergibt sich* $4x+2y=10$. *Ein Vergleich mit der zweiten Gleichung zeigt den Widerspruch.*

R 8.3.5 Enthalten 2 Gleichungen mit 2 Variablen einen Widerspruch, dann ist das Gleichungssystem nicht lösbar.

Die Gleichungssysteme der folgenden Aufgabe können mit einem beliebigen Verfahren aus Abschnitt 8.2 gelöst werden.

Ü 8.3.6 *Lösen Sie die folgenden Gleichungssysteme:*

a)	$2x - 3y = -11$ $x + 2y = 5$	b)	$4x - 2y = 16$ $3x + y = 7$	c)	$2x - y = 8$ $6x - 3y = 24$
d)	$x + y = 8$ $x - y = 2$	e)	$2x + 4y = 9$ $x + 2y = 4$	f)	$x + 3y = 25$ $4x - y = 22$
g)	$3x + 6y = \frac{7}{2}$ $2x - 5y = -\frac{3}{2}$	h)	$\frac{1}{2}x - \frac{1}{5}y = \frac{1}{12}$ $2y - \frac{3}{8}x = \frac{9}{4}$	j)	$3 - 10y = \frac{5}{3}x$ $x - y = -1$

8.4 Anwendung von Gleichungssystemen mit zwei Variablen

Lineare Gleichungen mit 2 Variablen kommen bei verschiedenen Anwendungsproblemen vor. Für ein systematisches Vorgehen bei der Lösung solcher Probleme sei dabei auf Abschnitt 7.4 verwiesen, da man hier ähnlich vorzugehen hat wie bei einfachen Gleichungen.

B 8.4.1 *a) 10 Äpfel und 5 Birnen kosten zusammen EURO 2,–. 8 Äpfel und 7 Birnen kosten EURO 2,20. Wieviel kostet 1 Apfel und 1 Birne?*
1 Apfel kostet x EURO und 1 Birne kostet y EURO. Dann gilt $10x + 5y = 2$ *und* $8x + 7y = 2{,}2$. *Auflösung dieses Gleichungssystems ergibt* $x = 0{,}1$ *und* $y = 0{,}2$, *d.h. 1 Apfel kostet EURO 0,10 und 1 Birne EURO 0,20.*
b) Ein Vater war vor 5 Jahren viermal so alt wie sein Sohn und ist in 15 Jahren zweimal so alt. Wie alt sind Vater und Sohn heute?
Der Vater ist heute x, der Sohn y Jahre alt. Dann gilt $x - 5 = 4(y - 5)$ *und* $x + 15 = 2(y + 15)$. *Auflösung dieses Gleichungssystems ergibt* $x = 45$ *und* $y = 15$. *Der Vater ist heute 45 Jahre und der Sohn 15 Jahre alt.*

Ü 8.4.2 a) *8 kg Kartoffeln und 5 kg Kohl kosten EURO 10,30. 6 kg Kartoffeln und 7 kg Kohl kosten EURO 11,30. Wieviel kosten 1 kg Kartoffeln und 1 kg Kohl?*
b) *Paul war vor 7 Jahren sechsmal so alt wie sein Sohn und wird in 13 Jahren doppelt so alt sein. Wie alt sind beide?*
c) *Paul und Franz sind an einer GmbH beteiligt. Ihre Kapitaleinla-*

gen haben das Verhältnis 5:4. *Nachdem jeder seine Einlage um EURO* 12.000 *erhöht hat, stehen die Kapitaleinlagen im Verhältnis* 7:6. *Wie hoch sind die beiden Einlagen nach der Erhöhung?*

d) *Gibt Peter von seinem Geld Frieda EURO* 2,–, *so hat Frieda dreimal so viel wie er. Gibt Frieda ihm EURO* 3,–, *so hat er dreimal soviel wie Frieda. Wieviel Geld hat jeder?*

e) *Der Nebenerwerbsbauer Paul will auf seinem Grundstück eine rechteckige Schafweide abtrennen. Diese soll doppelt so lang wie breit sein. Die Weide soll so groß sein, dass er mit dem vorhandenen Material für* 240 *m Zaun auskommt. Welche Maße hat die Weide?*

f) *Wieviel Liter* 20%-*iger und wieviel Liter* 50%-*iger Alkohol wird für* 6ℓ 32%-*igen Alkohol benötigt?*

g) *Wieviel Kaffee zu EURO* 12,–/*kg und EURO* 13,50/*kg müssen genommen werden, um* 24 *kg einer Mischung zu EURO* 12,60/*kg zu erhalten?*

h) *Wieviel Kaffee zu EURO* 9,50/*kg und EURO* 10,90/*kg müssen für* 35 *kg einer Mischung zu EURO* 10,–/*kg genommen werden?*

j) *Wieviel Liter einer* 12%-*igen und einer* 20%-*igen Salzlösung sind für* 20ℓ *einer* 15%-*igen Lösung erforderlich?*

k) *In einem Lager befinden sich* 6.000 *Schrauben, von denen ein Teil zu EURO* –,12 *und ein Teil zu EURO* –,15 *pro Stück eingekauft wurde. Die Schrauben werden zu EURO* –,14/*Stück weiterverrechnet. Bei welchen Mengen zu EURO* –,12 *bzw. EURO* –,15/*Stück werden durch diesen Verrechnungspreis die Einkaufspreise vollständig weiterverrechnet?*

l) 12 *kg Rotkohl und* 10 *kg Weikohl kosten EURO* 21,60. 10 *kg Rotkohl und* 8 *kg Weißkohl kosten EURO* 17,60. *Wieviel kostet* 1 *kg Rotkohl bzw. Weißkohl?*

Die Ausführungen dieses Kapitels können für lineare Gleichungen und Gleichungssysteme mit mehr als 2 Variablen erweitert werden. Die Lösung eines solchen Gleichungssystems erfordert jedoch einen erheblichen Rechenaufwand. Hierfür stellt die Matrizenrechnung systematische Verfahren bereit, auf die im Band III der Mathematik für Wirtschaftswissenschaftler eingegangen wird.

9 Quadratische Gleichungen mit einer Variablen

9.0 Vortest

Ü 9.0.1 *Lösen Sie auf:* **a)** $5x^2 - 20 = 0$; **b)** $2x^2 + 18 = 0$.

Ü 9.0.2 *Lösen Sie auf:* $3x^2 + 12x = 0$.

Ü 9.0.3 *Lösen Sie auf:* **a)** $3x^2 + 12x - 15 = 0$; **b)** $x^2 - 6x + 9 = 0$; **c)** $5x^2 - 10x + 15 = 0$.

Ü 9.0.4 *Lösen Sie auf:* $2x^4 - 20x^2 + 18 = 0$.

Ü 9.0.5 *Lösen Sie auf:* **a)** $2x^7 + 5x^6 = 0$; **b)** $3x^5 - 12x^3 = 0$; **c)** $x^7 + 2x^6 - 8x^5 = 0$.

9.1 Formen quadratischer Gleichungen

Eine **quadratische Gleichung** oder Gleichung 2. Grades ist eine Bestimmungsgleichung, in der die Variable in der **zweiten Potenz** vorkommt. Die allgemeine Form der quadratischen Gleichung lautet

$$ax^2 + bx + c = 0.$$

Von dieser quadratischen Gleichung gibt es zwei Sonderfälle.
Für $c = 0$ ergibt sich

$$ax^2 + bx = 0$$

und für $b = 0$ geht die allgemeine Form über in eine reinquadratische Gleichung

$$ax^2 + c = 0.$$

Werden beide Seiten der allgemeinen Form durch a dividiert, so ergibt sich die sogenannte **Normalform** einer quadratischen Gleichung

$$x^2 + \frac{b}{a}x + \frac{c}{a} = 0.$$

Wird $\frac{b}{a} = p$ und $\frac{c}{a} = q$ gesetzt, so lautet die Normalform

$$x^2 + px + q = 0.$$

9.2 Lösung von $ax^2 + c = 0$ und $ax^2 + bx = 0$

Von den quadratischen Gleichungen kann die reinquadratische Gleichung $ax^2 + c = 0$ am einfachsten gelöst werden:

$ax^2 + c = 0 \Leftrightarrow x^2 = -\frac{c}{a}.$

Als Lösungen ergeben sich daraus

$x_1 = +\sqrt{-\frac{c}{a}}$ und $x_2 = -\sqrt{-\frac{c}{a}}.$

Die Gleichung ist also nur lösbar, sofern $-c/a \geq 0$, d.h. entweder ist $c = 0$ oder c und a haben entgegengesetzte Vorzeichen. Es gilt:

R 9.2.1 Die reinquadratische Gleichung $ax^2 + c = 0$ ist lösbar, falls $-c/a \geq 0$, und sie hat dann die Lösungen $x_1 = +\sqrt{-\frac{c}{a}}$ und $x_2 = -\sqrt{-\frac{c}{a}}.$

Hinweis: Wird der Zahlbegriff auf die komplexen Zahlen mit der Einheit $i = \sqrt{-1}$ erweitert, dann ist für die komplexen Zahlen als Grundmenge eine quadratische Gleichung immer lösbar. Die eingeschränkte Lösbarkeit ergibt sich hier durch die Beschränkung auf die reellen Zahlen.

B 9.2.2 *a)* $2x^2-8 = 0$ *hat die Lösungen* $x_1 = 2, x_2 = -2$. *b)* $-9x^2+25 = 0$ *hat die Lösungen* $x_1 = \frac{5}{3}$, $x_2 = -\frac{5}{3}$; *c)* $x^2 + 4 = 0$ *ist nicht lösbar, da* $-4 < 0$.

Ü 9.2.3 *Bestimmen Sie die Lösungen:* **a)** $3x^2 - 12 = 0$; **b)** $4x^2 - 36 = 0$; **c)** $9x^2 + 49 = 0$; **d)** $49 - 25x^2 = 0$; **e)** $-121x^2 + 64 = 0$; **f)** $252x^2 - 7 = 0$; **g)** $\frac{1}{2}x^2 - \frac{4}{3} = 0$; **h)** $\frac{1}{3}x^2 - \frac{4}{27} = 0$; **j)** $\frac{3}{5} = 4 - x^2$.

Bei einer quadratischen Gleichung der Form $ax^2 + bx = 0$ kann auf der linken Seite x ausgeklammert werden:

$ax^2 + bx = 0 \Leftrightarrow x(ax + b) = 0.$

Nun gilt: „Ein Produkt ist Null, wenn wenigstens einer der beiden Faktoren Null ist.“ Es ist also entweder $x = 0$ oder $ax + b = 0$. Die Lösungen der quadratischen Gleichung sind also

$x_1 = 0$ und $x_2 = -\frac{b}{a}.$

R 9.2.4 Die quadratische Gleichung $ax^2 + bx = 0$ hat die Lösungen $x_1 = 0$ und $x_2 = -\frac{b}{a}.$

B 9.2.5 *a)* $2x^2 + 5x = 0$ *hat die Lösungen* $x_1 = 0$ *und* $x_2 = -\frac{5}{2}$.
b) $4x^2 - 7x = 0$ *hat die Lösungen* $x_1 = 0$ *und* $x_2 = +\frac{7}{4}$.

Ü 9.2.6 *Bestimmen Sie die Lösungen:* **a)** $5x^2 - 3x = 0$; **b)** $6x^2 + 13x = 0$; **c)** $48x^2 - 19x = 0$; **d)** $7x^2 + 16x = 0$.

Ergänzende Aufgaben:

Ü 9.2.7 *Bestimmen Sie die Lösungen:* **a)** $12x^2 + 25x = 0$;
b) $9x^2 - 49 = 0$; **c)** $9x^2 + 25 = 0$; **d)** $x^2 + 2x = 0$;
e) $x^2 - 36 = 0$; **f)** $112x^2 + 37x = 0$; **g)** $x^2 - 9 = 0$;
h) $x^2 + 9 = 0$; **j)** $x^2 - 9x = 0$; **k)** $x^2 + 9x = 0$;
l) $\frac{2}{3}x^2 - \frac{6}{5}x = 0$; **m)** $\frac{2}{9} = \frac{3}{4}x^2 + 1$; **n)** $\frac{14}{5} - \frac{3}{15}x^2 = 1$.

9.3 Lösung der allgemeinen quadratischen Gleichung

Die allgemeine quadratische Gleichung $ax^2 + bx + c = 0$ kann auf 2 Arten gelöst werden. Am einfachsten ist es, die Gleichung zunächst auf die Normalform zu bringen und dann die Lösungen zu bestimmen.

R 9.3.1

Die **quadratische Gleichung** $ax^2 + bx + c = 0$ kann wie folgt gelöst werden:

(1) Bestimme durch Multiplikation mit $\frac{1}{a}$ die Normalform
$x^2 + px + q = 0$ $\quad (p = \frac{b}{a}$ *und* $q = \frac{c}{a})$.

(2) Bestimme zu $x^2 + px$ die quadratische Ergänzung $\frac{p^2}{4}$.

(3) Bringe die Gleichung unter Hinzufügung der quadratischen Ergänzung auf die Form
$x^2 + px + \frac{p^2}{4} = \frac{p^2}{4} - q$.

(4) Schreibe die linke Seite als Quadrat eines Binoms und ziehe auf beiden Seiten die Wurzel
$(x + \frac{p}{2})^2 = \frac{p^2}{4} - q \Rightarrow x + \frac{p}{2} = \pm\sqrt{\frac{p^2}{4} - q}$.

(5) Löse die letzte Gleichung aus (4) nach x auf
$x = -\frac{p}{2} \pm \sqrt{\frac{p^2}{4} - q}$.

Es ist zu beachten, dass in Schritt (4) beim Wurzelziehen auf der rechten Seite beide Vorzeichen zu berücksichtigen sind.

B 9.3.2 *a)* $3x^2 + 6x - 9 = 0$, *Normalform:* $x^2 + 2x - 3 = 0$, *quadratische Ergänzung:* 1; $x^2 + 2x + 1 = 1 + 3 \Rightarrow (x+1)^2 = 4 \Rightarrow x + 1 = \pm\sqrt{4} \Rightarrow x = -1 \pm 2$. *Lösungen:* $x_1 = 1$ *und* $x_2 = -3$.
b) $4x^2 - 12x - 27 = 0$, *Normalform:* $x^2 - 3x - \frac{27}{4} = 0$, *quadratische Ergänzung:* $\frac{9}{4}$; $x^2 - 3x + \frac{9}{4} = \frac{9}{4} + \frac{27}{4} \Rightarrow (x - \frac{3}{2})^2 = \frac{36}{4} \Rightarrow x - \frac{3}{2} = \pm\sqrt{9} \Rightarrow x = \frac{3}{2} \pm 3$. *Lösungen:* $x_1 = 4{,}5$ *und* $x_2 = -1{,}5$.

Ü 9.3.3 *Bestimmen Sie die Lösungen:* **a)** $2x^2 - 18x + 16 = 0$; **b)** $5x^2 - 15x - 50 = 0$; **c)** $4x^2 + 4x - 35 = 0$; **d)** $9x^2 + 18x - 7 = 0$.

Die Bestimmung der Lösungen einer in Normalform gegebenen quadratischen Gleichung kann dadurch noch vereinfacht werden, dass man das Ergebnis aus Schritt (5) in R 9.3.1 als Lösungsformel benutzt.

R 9.3.4 Die **Lösungen der Normalform** $x^2 + px + q = 0$ **einer quadratischen Gleichung** ergeben sich aus
$x = -\frac{p}{2} \pm \sqrt{\frac{p^2}{4} - q}$.

B 9.3.5 $x^2 - 5{,}6x + 6{,}4 = 0$
$x = \frac{5{,}4}{2} \pm \sqrt{\frac{5{,}6^2}{4} - 6{,}4} = 2{,}8 \pm \sqrt{\frac{31{,}36}{4} - \frac{25{,}6}{4}} = 2{,}8 \pm \sqrt{1{,}44} = 2{,}8 \pm 1{,}2$
Lösungen: $x_1 = 4$ *und* $x_2 = 1{,}6$

Ist in der ersten Gleichung in Schritt (4) von R 9.3.1 die rechte Seite negativ, d.h. $p^2/4 - q < 0$, dann besitzt die quadratische Gleichung in der Grundmenge $\mathbb{R}$ keine Lösungen, denn es wäre die Quadratwurzel aus einer negativen Zahl zu bestimmen. Das ist in der Menge der reellen Zahlen $\mathbb{R}$ nicht möglich. Ist die rechte Seite der ersten Gleichung in Schritt (4) gleich Null, so existiert nur eine Lösung, nämlich $x = -\frac{p}{2}$. Allgemein gilt:

R 9.3.6 Gegeben sei die **Normalform einer quadratischen Gleichung** $x^2 + px + q = 0$ und die **Grundmenge** $\mathbb{R}$.
a) Ist $\frac{p^2}{4} - q > 0$, so gibt es **zwei** Lösungen.
b) Ist $\frac{p^2}{4} - q = 0$, so gibt es **eine** Lösung.
c) Ist $\frac{p^2}{4} - q < 0$, so gibt es **keine** Lösung.

B 9.3.7 *a)* $x^2 - 5x + 6{,}25 = 0$. *Es ist* $\frac{p^2}{4} - q = 6{,}25 - 6{,}25 = 0$
und nach R 9.3.4 $x = \frac{5}{2} \pm \sqrt{\frac{25}{4} - 6{,}25} = \frac{5}{2}$. *Es gibt nur eine Lösung.*

b) $x^2 - 5x + 7 = 0$. *Es ist* $\frac{p^2}{4} - q = 6{,}25 - 7 = -0{,}75 < 0$ *und nach* R 9.3.4 $x = \frac{5}{2} \pm \sqrt{\frac{25}{4} - 7} = \frac{5}{2} \pm \sqrt{-0{,}75}$. *Die Gleichung ist nicht lösbar.*

Zur Bestimmung der Lösungen einer quadratischen Gleichung kann natürlich auch unmittelbar von der allgemeinen Form ausgegangen werden. Es gilt dann:

R 9.3.8

Die quadratische Gleichung $ax^2 + bx + c = 0$ kann wie folgt gelöst werden:

(1) Bestimme zu $ax^2 + bx$ die quadratische Ergänzung $\frac{b^2}{4a}$.

(2) Bringe die Gleichung unter Hinzufügung der quadratischen Ergänzung auf die Form
$ax^2 + bx + \frac{b^2}{4a} = \frac{b^2}{4a} - c$.

(3) Schreibe die linke Seite als Quadrat eines Binoms und ziehe auf beiden Seiten die Wurzel
$(\sqrt{a}x + \frac{b}{2\sqrt{a}})^2 = \frac{b^2}{4a} - c \Rightarrow \sqrt{a}x + \frac{b}{\sqrt{a}} = \pm\sqrt{\frac{b^2}{4a} - c}$

(4) Löse die letzte Gleichung aus (3) nach x auf
$\sqrt{a}x = -\frac{b}{2\sqrt{a}} \pm \sqrt{\frac{b^2}{4a} - c} \Rightarrow x = -\frac{b}{2a} \pm \sqrt{\frac{b^2}{4a^2} - \frac{c}{a}}$.

B 9.3.9 *a)* $3x^2 + 6x - 9 = 0$, *quadratische Ergänzung:* 3
$3x^2 + 6x + 3 = 3 + 9 \Rightarrow (\sqrt{3}x + \sqrt{3})^2 = 12 \Rightarrow \sqrt{3}x + \sqrt{3} = \pm\sqrt{12} \Rightarrow$
$\sqrt{3}x = -\sqrt{3} \pm \sqrt{12} \Rightarrow x = -1 \pm \sqrt{4} \Rightarrow x = -1 \pm 2$
Lösungen: $x_1 = 1$ *und* $x_2 = 3$;

b) $4x^2 - 12x - 27 = 0$, *quadratischeErgänzung:* 9
$4x^2 - 12x + 9 = 9 + 27 \Rightarrow (2x - 3)^2 = 36 \Rightarrow 2x - 3 = \pm 6 \Rightarrow$
$2x = 3 \pm 6 \Rightarrow x = 1{,}5 \pm 3$
Lösungen: $x_1 = 4{,}5$ *und* $x_2 = -1{,}5$.

Die Kriterien für die Lösbarkeit einer quadratischen Gleichung lauten für die allgemeine Form:

R 9.3.10

Gegeben sei eine **quadratische Gleichung** $ax^2 + bx + c = 0$ und die **Grundmenge** $\mathbb{R}$.

a) Ist $\frac{b^2}{4a^2} - \frac{c}{a} > 0$, so gibt es **zwei** Lösungen.

b) Ist $\frac{b^2}{4a^2} - \frac{c}{a} = 0$, so gibt es **eine** Lösung.

c) Ist $\frac{b^2}{4a^2} - \frac{c}{a} < 0$, so gibt es **keine** Lösung.

Anstelle des schrittweisen Vorgehens wie in R 9.3.8 kann auch unmittelbar auf die sich aus dem letzten Schritt ergebende Formel zurückgegriffen werden. Für die Anwendung ist jedoch die Verwendung der Normalform einer quadratischen Gleichung zweckmäßiger (R 9.3.1 bzw. R 9.3.4).

Ü 9.3.11 *Bestimmen Sie die Lösungen:*
a) $x^2 - 8x + 12 = 0$; **b)** $2x^2 + 4x - 22{,}5 = 0$; **c)** $3x^2 - 24x + 48 = 0$; **d)** $3x^2 - 39x + 120 = 0$; **e)** $x^2 - 6x + 10 = 0$; **f)** $x^2 - 1{,}2x + 0{,}32 = 0$; **g)** $x^2 + 3x + 2{,}25 = 0$; **h)** $5x^2 + 11x + 5{,}6 = 0$; **j)** $3x^2 - 5x + 4 = 0$.

9.4 Anwendungen

Auch für quadratische Gleichungen gibt es eine Vielzahl von Anwendungsmöglichkeiten. Für die Lösung von angewandten Problemen sei auf das Schema zur Lösung eingekleideter Aufgaben im Abschnitt 7.4 verwiesen, das auf quadratische Gleichungen übertragen werden kann.

B 9.4.1 *a) Eine Tischplatte soll doppelt so lang wie breit sein und eine Fläche von* 0,72 m^2 *haben.*
Ist die Platte x *m breit, so soll sie* $2x$ *m lang sein. Es gilt dann*
$x \cdot 2x = 0{,}72 \Rightarrow 2x^2 = 0{,}72 \Rightarrow x^2 = 0{,}36 \Rightarrow x = \pm 0{,}6$.
$x = -0{,}6$ *scheidet als Lösung aus. Der Tisch ist also* $x = 0{,}6$ *m breit und* 1,2 *m lang.*
b) Ein Lebensmittelhändler kauft für EURO 840,– *Kaffee. Drei Monate später ist der Kaffee EURO* 1,50/*kg teurer und so bekommt er für denselben Betrag* 10 *kg Kaffee weniger. Wieviel hat der Kaffee ursprünglich gekostet?*
Der gesuchte Preis ist x. *Zunächst erhält er für EURO* 840,– 840 : x *kg. Drei Monate später erhält er* 840 : $(x + 1{,}5)$ *kg. Da diese Menge um* 10 *kg niedriger als ursprünglich ist, gilt*

$$\frac{840}{x} - 10 = \frac{840}{x+1{,}5} \Rightarrow 840(x + 1{,}5) - 10(x + 1{,}5)x = 840x$$

$$\Rightarrow -10x^2 - 15x + 1260 = 0 \Rightarrow x^2 + \tfrac{3}{2}x - 126 = 0$$

$$\Rightarrow x = -\tfrac{3}{4} \pm \sqrt{\tfrac{9}{16} + 126} = -\tfrac{3}{4} \pm \sqrt{\tfrac{2025}{16}} = -\tfrac{3}{4} \pm \tfrac{45}{4}$$

$x_1 = 10{,}5$ (*und* $x_2 = -12$). *Der ursprüngliche Preis betrug EURO* 10,50.

Die beiden Beispiele zeigen, dass bei Anwendungen meistens nur eine der beiden Lösungen der quadratischen Gleichung von praktischer Bedeutung ist.

Ü 9.4.2 a) *Ein Rechteck von 10 m Länge und 6 m Breite soll in beiden Richtungen um den gleichen Betrag so vergrößert werden, dass es eine Fläche von 96 m^2 hat. Um wieviel müssen Länge und Breite vergrößert werden?*

b) *Ein Händler kauft für EURO 1.080,– Kaffee. Nach einer Preiserhöhung um EURO 1,–/kg bekommt er für denselben Betrag 15 kg weniger. Wie hoch ist der ursprüngliche Preis?*

c) *Der Umsatz eines Unternehmens beträgt EURO 2.000.000,–. Im nächsten Jahr steigt er um einen bestimmten Prozentsatz und geht im Jahr darauf um denselben Prozentsatz zurück und beträgt nunmehr EURO 1.990.200,–. Wie groß ist der Prozentsatz?*

d) *Für eine Arbeit braucht Paul 5 Stunden länger als Franz. Zusammen benötigen sie 6 Stunden. Wie lange braucht Paul?*

e) *Ein Betrag von EURO 3.600,– soll auf die Mitglieder eines Vereins verteilt werden. Verzichten 40 Mitglieder auf ihren Anteil, erhält jedes übrige Mitglied EURO 3,– mehr. Wieviel Mitglieder hat der Verein?*

f) *Ein Grundstück ist 2,2 mal so lang wie breit und hat eine Fläche von 970,2 m^2. Wie breit ist das Grundstück?*

g) *Ein Arbeiter erhält einen Stundenlohn von EURO 15,–. Durch zwei gleich hohe prozentuale Steigerungen soll der Lohn nach 2 Jahren EURO 16,–/Stunde betragen. Wie hoch ist der Prozentsatz?*

h) *Franz und Peter benötigen für eine Arbeit gemeinsam 4,8 Stunden. Franz braucht alleine 4 Stunden länger als Peter. Wie lange braucht Peter alleine für die Arbeit?*

9.5 Biquadratische Gleichungen

D 9.5.1 Eine Bestimmungsgleichung der allgemeinen Form $ax^4 + bx^2 + c = 0$ heißt auch **biquadratische Gleichung**.

Wird in einer biquadratischen Gleichung $x^2 = y$ gesetzt, dann nimmt sie folgende Form an: $ay^2 + by + c = 0$. Es ergibt sich eine quadratische Gleichung.

Eine biquadratische Gleichung kann immer auf eine quadratische Gleichung zurückgeführt werden und mit den Lösungsansätzen für quadratische Gleichungen gelöst werden.

B 9.5.2 *a)* $x^4 - 13x^2 + 36 = 0$ *wird mit* $x^2 = y$ *zu* $y^2 - 13y + 36 = 0$*. Die Lösung nach* R 9.3.4 *ergibt* $y = \frac{13}{2} \pm \sqrt{\frac{169}{4} - 36} = \frac{13}{2} \pm \frac{5}{2}$, $y_1 = 9$ *und* $y_2 = 4$*. Aus* $y = x^2$ *ergibt sich dann* $x = \pm\sqrt{y}$ *und damit* $x_1 = 3, x_2 = -3, x_3 = 2, x_4 = -2$.

b) $x^4 - 12x^2 - 64 = 0$ *ergibt mit* $x^2 = y$ *im ersten Schritt* $y = 6 \pm \sqrt{36 + 64} = 6 \pm 10$ *und damit* $y_1 = 16$ *und* $y_2 = -4$. *Aus* $y_1 = 16$ *ergibt sich* $x_1 = +4$ *und* $x_2 = -4$. *Da* $x = \sqrt{-4}$ *in* $\mathbb{R}$ *nicht lösbar ist, führt* $y_2 = -4$ *zu keinen reellen Lösungen der Gleichung.*

Aus den Ausführungen ergibt sich folgendes für die Lösung einer biquadratischen Gleichung:

R 9.5.3

Eine **biquadratische Gleichung** $ax^4 + bx^2 + c = 0$ kann wie folgt gelöst werden:
(1) Setze $x^2 = y$.
(2) Löse die quadratische Gleichung $ay^2 + by + c = 0$.
(3) Bestimme für die Lösung(en) y der quadratischen Gleichung $x = \pm\sqrt{y}$.

Ü 9.5.4 *Bestimmen Sie die Lösungen:*
a) $x^4 - 26x^2 + 25 = 0$; **b)** $2x^4 - 40x^2 + 128 = 0$;
c) $3x^4 - 21x^2 - 54 = 0$; **d)** $x^4 - 16 = 0$;
e) $5x^4 - 45x^2 = 0$; **f)** $x^4 - \frac{145}{36}x^2 + 4 = 0$;
g) $4x^4 + 14x^2 + 9 = 0$; **h)** $14x^4 + 6x^2 = 0$.

9.6 Gleichungen höherer Ordnung

D 9.6.1

Eine Gleichung mit einer Variablen x, in der Potenzen der Variablen bis x^n $(n \geq 1)$ vorkommen, heißt **Gleichung n-ten Grades**.

Das folgende Beispiel enthält je eine Gleichung 3., 5. und 9. Grades.

B 9.6.2 *a)* $2x^3 - 3x + 5 = 0$; *b)* $4x^5 - 3x^4 - x^3 - 3x^2 - 6 = 0$; *c)* $27x^9 - 0{,}3x^8 + 25x^6 - 148x^4 - 1280x^2 + x = 0$.

Allgemein kann hier auf die Lösung von Gleichungen dritten und höheren Grades nicht eingegangen werden. Dazu werden (z.T. sehr aufwendige) Verfahren aus der numerischen Mathematik benötigt. In gewissen Sonderfällen ist es jedoch möglich, Gleichungen n-ten Grades mit $n > 2$ unter Benutzung der Lösungsformeln für quadratische Gleichungen zu lösen.

B 9.6.3 *a)* $5x^6 - 20x^4 = 0$. *Auf der linken Seite dieser Gleichung kann* $5x^4$ *ausgeklammert werden. Man erhält dann* $5x^4(x^2 - 4) = 0$. *Die Gleichung ist erfüllt, wenn einer der beiden Faktoren Null wird, also für* $5x^4 = 0$ *oder* $x = 0$ *und für* $x^2 - 4 = 0$ *oder* $x^2 = 4$ *oder* $x = \pm 2$. *Die Gleichung hat also die Lösungen* $x_1 = 0, x_2 = -2, x_3 = +2$.
b) $x^8 + 2x^7 - 8x^6 = 0$. *Wird* x^6 *ausgeklammert, so ergibt sich* $x^6(x^2 + 2x - 8) = 0$. *Setzt man die Faktoren Null, so erhält man* $x^6 = 0$ *oder* $x_1 = 0$ *und* $x^2 + 2x - 8 = 0$ *oder (siehe* R 9.3.4) $x = -1 \pm \sqrt{1+8} = -1 \pm 3$ *oder* $x_2 = -4, x_3 = +2$.

Beide Beispiele haben gemeinsam, dass die Gleichungen kein konstantes Glied (ohne x) haben und dass sich die Exponenten der höchsten und der niedrigsten Potenz von x nur um zwei unterscheiden. Durch Ausklammern kann man deshalb in beiden Fällen erreichen, dass die linke Seite der Gleichung in ein Produkt aus zwei Faktoren zerlegt wird, so dass ein Faktor nur eine Potenz von x enthält und der andere Faktor eine quadratische Gleichung in x. Die Auflösung durch Nullsetzen der Faktoren ist dann nicht mehr schwierig.

Allgemein gilt:

R 9.6.4 Die Lösung der Gleichung $ax^n + bx^{n-1} + cx^{n-2} = 0$ erhält man durch Ausklammern von x^{n-2} und Nullsetzen der beiden Faktoren von $x^{n-2}(ax^2 + bx + c) = 0$.

Mit dem gleichen Grundgedanken kann man auch Gleichungen n-ten Grades lösen, bei denen nur zwei Potenzen von x vorkommen, die sich im Exponenten um 1 unterscheiden.

B 9.6.5 *Aus* $5x^7 - 2x^6 = 0$ *kann man* x^6 *ausklammern. Es ergibt sich dann* $x^6(5x - 2) = 0$.
Das Produkt auf der linken Seite wird Null, wenn einer der Faktoren Null wird: $x^6 = 0$ *oder* $x_1 = 0$ *und* $5x - 2 = 0$ *oder* $x_2 = 0{,}4$.

Allgemein gilt dafür:

R 9.6.6 Die Lösung der Gleichung $ax^n + bx^{n-1} = 0$ erhält man durch Ausklammern von x^{n-1} und Nullsetzen der beiden Faktoren von $x^{n-1}(ax + b) = 0$.

Man beachte, dass bei Anwendung von R 9.6.4 und R 9.6.6 immer die kleinste Potenz von x ausgeklammert wird.

Ü 9.6.7 *Lösen Sie auf:* **a)** $2x^7 - 18x^5 = 0$; **b)** $3x^6 + 9x^5 = 0$;
c) $2x^9 - 12x^8 + 10x^7 = 0$; **d)** $x^5 - 16x^3 = 0$; **e)** $x^5 + 9x^3 = 0$;
f) $x^8 + 4x^7 - 12x^6 = 0$; **g)** $3x^4 + 4x^3 = 0$.

10 Ungleichungen

10.0 Vortest

Ü 10.0.1 *Gegeben ist die Ungleichung* $4 < 12$. *Führen Sie für beide Seiten folgende Rechenoperationen durch:* **a)** $\cdot 2$; **b)** $\cdot(-2)$; **c)** *Quadrieren;* **d)** *Bestimmung des reziproken Wertes.*

Ü 10.0.2 *Bestimmen Sie die Lösungsmengen:* **a)** $3x - 4 < 5x - 6$; **b)** $\frac{6-x}{2x} < 1$.

Ü 10.0.3 *Formen Sie die Ungleichung so um, dass* x *isoliert in der Mitte steht:* $8 < 4 - 2x < 16$.

Ü 10.0.4 *Bestimmen Sie die Lösungsmengen:* **a)** $x^2 > 16$; **b)** $x^2 - 5x < 0$; **c)** $x^2 + 2x - 8 < 0$; **d)** $x^7 + 2x^6 > 0$.

10.1 Begriff der Ungleichung

Werden zwei reelle Zahlen a und b betrachtet, dann können diese gleich ($a = b$) oder ungleich ($a \neq b$) sein. Wird zusätzlich berücksichtigt, dass bei $a \neq b$ die Zahl a größer oder kleiner als b sein kann, so gilt:

D 10.1.1

Sind a und b zwei beliebige reelle Zahlen, so besteht zwischen ihnen genau eine der drei folgenden Beziehungen:
$a < b$ (a ist kleiner als b bzw. b ist größer als a)
$a = b$ (a ist gleich b)
$a > b$ (a ist größer als b bzw. b ist kleiner als a).

Ist bei einer **Ungleichung** auch der Grenzfall der Gleichheit zugelassen, so schreibt man

$$a \leq b \text{ bzw. } a \geq b\ .$$

Enthält eine Ungleichung eine Variable (x), so spricht man von einer **Ungleichung mit einer Variablen.**

Ü 10.1.2 *Eine Unternehmung kann von einem produzierten Gut in einem Monat* 120 *Stück auf Lager nehmen und* 300 *Stück verkaufen. Mehr soll nicht produziert werden. Formulieren Sie für diese Begrenzung der Produktionsmenge x eine Ungleichung.*

R 10.1.3 Werden die beiden Seiten einer Ungleichung vertauscht, dann muss das Ungleichheitszeichen umgekehrt werden: $a < b \Leftrightarrow b > a$.

D 10.1.4 Gelten für eine Zahl b die Ungleichungen $b > a$ und $b < c$, so schreibt man auch $a < b < c$. Eine solche Beziehung heißt **doppelte Ungleichung** oder **Ungleichungskette.**

Auf doppelte Ungleichungen wird im Abschnitt 10.4 eingegangen.

10.2 Rechenregeln für Ungleichungen

In Abschnitt 7.2 wurden Regeln für das Umformen von Gleichungen behandelt. Auch für das Umformen von bzw. Rechnen mit Ungleichungen gibt es Regeln. Bei einigen Regeln ist darauf zu achten, dass sich bei ihrer Anwendung das Ungleichheitszeichen umkehrt (siehe auch R 10.1.3). Die einfacheren Regeln werden im Folgenden ohne Beispiel angegeben. Alle Regeln beziehen sich auf reelle Zahlen.

R 10.2.1 Aus $a < b$ und $b < c$ folgt $a < c$

R 10.2.2 Aus $a < b$ folgt $a + c < b + c$ für beliebiges c

R 10.2.3 Aus $a < b$ und $c < d$ folgt $a + c < b + d$

R 10.2.4 Aus $a < b$ und $c > 0$ folgt $ac < bc$

R 10.2.5 Aus $a < b$ und $c < 0$ folgt $ac > bc$

B 10.2.6 $2 < 4$ *und* $c = -3 \Rightarrow 2 \cdot (-3) > 4 \cdot (-3) \Rightarrow -6 > -12$.

Speziell gilt:

R 10.2.7 | Aus $a < b$ folgt $-a > -b$

B 10.2.8 $2 < 4 \Rightarrow -2 > -4$.

R 10.2.9 | Aus $a < b, b > 0$ und $0 < c < d$ folgt $ac < bd$

B 10.2.10 $2 < 4$ *und* $0 < 6 < 8 \Rightarrow 2 \cdot 6 < 4 \cdot 8 \Leftrightarrow 12 < 32$.

Speziell gilt:

R 10.2.11 | Aus $0 < a < b$ folgt $a^2 < b^2$

B 10.2.12 $0 < 2 < 4 \Rightarrow 2^2 < 4^2 \Rightarrow 4 < 16$.

R 10.2.13 | Aus $0 < a < b$ oder $a < b < 0$ folgt $\frac{1}{a} > \frac{1}{b}$

B 10.2.14 $0 < 2 < 4 \Rightarrow \frac{1}{2} > \frac{1}{4}$.

R 10.2.15 | Aus $a < 0 < b$ folgt $\frac{1}{a} < \frac{1}{b}$

B 10.2.16 $-3 < 0 < 2 \Rightarrow -\frac{1}{3} < \frac{1}{2}$.

Ü 10.2.17 *Gegeben ist die Ungleichung* $2 < 5$. *Führen Sie für beide Seiten folgende Rechenoperationen durch:* **a)** $+3$; **b)** -9; **c)** $\cdot 2$; **d)** $\cdot(-3)$.

Ü 10.2.18 *Gegeben ist die Ungleichung* $-2 < 4$. *Führen Sie für beide Seiten folgende Rechenoperationen durch:*
a) $\cdot 5$; **b)** $\cdot(-3)$; **c)** *Quadrieren;*
d) *Bestimmung der reziproken Werte* (*d.h. z.B.* $1/4$ *statt* 4).

Ü 10.2.19 *wie* 10.2.18 *für* $2 < 4$.

Ü 10.2.20 *wie* 10.2.18 *für* $-4 < 2$.

Rechenregeln für Ungleichungen werden vor allem für das Auflösen von Ungleichungen mit einer Variablen verwendet, auf die im nächsten Abschnitt eingegangen wird.

10.3 Lineare Ungleichungen mit einer Variablen

D 10.3.1 Enthält eine Ungleichung eine Variable (meistens x), dann handelt es sich um eine **Ungleichung mit einer Variablen**. Kommt die Variable x nur in der ersten Potenz vor, so hat man eine **lineare Ungleichung.**

Die äquivalente Umformung einer Ungleichung so, dass x isoliert auf einer Seite steht, bezeichnet man als **Auflösen der Ungleichung**. In diesem Abschnitt werden nur lineare Ungleichungen oder solche, die sich auf lineare zurückführen lassen, und deren Auflösung betrachtet. Für das Auflösen einer Ungleichung werden die Regeln des vorhergehenden Abschnitts benötigt. Mit Hilfe der Regeln wird eine gegebene Ungleichung mit einer Variablen x schrittweise so umgeformt, dass schließlich x isoliert auf einer Seite steht.

B 10.3.2 *Es soll bestimmt werden, für welche reellen Zahlen x die Ungleichung $2x + 8 < -5x + 1$ gilt. Die Ungleichung ist dazu so umzuformen, dass auf einer Seite nur x steht.*
Im ersten Schritt wird auf beiden Seiten der Ungleichung $2x$ subtrahiert. Das ergibt $2x + 8 - 2x < -5x + 1 - 2x$ oder $8 < -7x + 1$.
Danach wird auf beiden Seiten 1 subtrahiert. $8 - 1 < -7x + 1 - 1$ oder $7 < -7x$.
Nun werden beide Seiten durch -7 dividiert (dabei ist das Ungleichheitszeichen umzukehren):
$\frac{7}{-7} > \frac{-7x}{-7}$. Daraus folgt $-1 > x$ bzw. $x < -1$.
Die obige Gleichung ist also für alle $x < -1$ erfüllt,
d.h. $\mathbb{L} = \{x \mid x < -1\}$.

Ü 10.3.3 *Lösen Sie die folgenden Ungleichungen nach x auf:*
a) $-5x \geq 10$; **b)** $-x > -8x + 14$; **c)** $-3x + 24 < 4x - 4$;
d) $8 + \frac{4-2x}{2} < 3x - \frac{5x+2}{4}$; **e)** $5x - \frac{2x-2}{6} < 3 - \frac{4-18x}{3}$;

Ein besonderes Problem ergibt sich beim Auflösen von Ungleichungen mit einer Variablen x, wenn in der Ungleichung Brüche vorkommen, bei denen im Nenner Ausdrücke mit x stehen. Beim Auflösen der Ungleichung wird ein solcher Nenner beseitigt, indem beide Seiten der Ungleichung damit multipliziert werden. Da die Variable x unterschiedliche Werte annehmen kann, ist dabei zwischen positivem und negativem Nenner zu unterscheiden, da bei Multiplikation mit einem negativen Nenner das Ungleichheitszeichen umgekehrt werden muss, bei einem positiven Nenner dagegen nicht.

B 10.3.4 *a) Um die Ungleichung* $\frac{12-2x}{3x} < 2$ *aufzulösen, sind beide Seiten mit* $3x$ *zu multiplizieren. Dabei ist zwischen* $3x > 0$ *und* $3x < 0$ *bzw.* $x > 0$ *und* $x < 0$ *zu unterscheiden, denn bei Multiplikation mit* $x > 0$ *bzw.* $3x > 0$ *bleibt das Ungleichheitszeichen erhalten* (R 10.2.4), *während es sich bei Multiplikation der Ungleichung mit* $x < 0$ *bzw.* $3x < 0$ *umkehrt* (R 10.2.5):

I. $x > 0: \frac{12-2x}{3x} < 2 \Leftrightarrow 12 - 2x < 6x \Leftrightarrow 12 < 8x \Leftrightarrow x > 1{,}5$
Als erste Teilmenge der Lösungsmenge ergibt sich damit $\mathbb{L}_1 = \{x \mid x > 1{,}5\}$.

II. $x < 0: \frac{12-2x}{3x} < 2 \Leftrightarrow 12 - 2x > 6x \Leftrightarrow 12 > 8x \Leftrightarrow x < 1{,}5$
Da $x < 0$ *vorausgesetzt wurde, ergibt sich als zweite Teilmenge der Lösungsmenge* $\mathbb{L}_2 = \{x \mid x < 0\}$.
Als Lösungsmenge der Ungleichung erhält man somit $\mathbb{L} = \mathbb{L}_1 \cup \mathbb{L}_2 = \{x \mid x < 0 \vee x > 1{,}5\}$.

b) $5 - \frac{3+4x}{2-x} < -2$

I. $2 - x > 0$ *bzw.* $x < 2$
$5 - \frac{3+4x}{2-x} < -2 \Leftrightarrow 5(2-x) - (3+4x) < -2(2-x)$
$\Leftrightarrow 10 - 5x - 3 - 4x < -4 + 2x \Leftrightarrow 7 - 9x < -4 + 2x$
$\Leftrightarrow 11 - 9x < 2x \Leftrightarrow 11 < 11x \Leftrightarrow 1 < x$ *bzw.* $x > 1$.
Mit der Bedingung $x < 2$ *ergibt sich* $\mathbb{L}_1 = \{x \mid 1 < x < 2\}$.

II. $2 - x < 0$ *bzw.* $x > 2$
$5 - \frac{3+4x}{2-x} < -2 \Leftrightarrow 10 - 5x - 3 - 4x > -4 + 2x$
$\Leftrightarrow 7 - 9x > -4 + 2x \Leftrightarrow 11 > 11x \Leftrightarrow x < 1$.
Da sich die Voraussetzung $x > 2$ *und das Ergebnis* $x < 1$ *widersprechen, ergibt sich* $\mathbb{L}_2 = \emptyset$. *Als Lösungsmenge der Ungleichung erhält man somit* $\mathbb{L} = \{x \mid 1 < x < 2\}$.

Ü 10.3.5 *Bestimmen Sie die Lösungsmengen der folgenden Ungleichungen:* **a)** $\frac{1}{x} < 5$; **b)** $\frac{24+x}{x} + 1 < 4$; **c)** $8 + \frac{4x-2}{2x} < 12 - \frac{6x+7}{x}$; **d)** $2 + \frac{4-x}{2x-5} < 3$; **e)** $\frac{5-x}{x+9} > 1$; **f)** $\frac{x+6}{x-2} > 2$; **g)** $\frac{3x-6}{x-3} < 1$; **h)** $\frac{2}{x-3} + 1 < 0$.

Mitunter werden auch zwei (oder mehr) Ungleichungen mit einer Variablen betrachtet und es ist dann die Menge der Werte für x zu bestimmen, die **beide** Ungleichungen erfüllen.

B 10.3.6 *Für die Ungleichungen* $5x - 2 < 8$ *und* $3 + 2x > 5$ *erhält man als Lösungen* $x < 2$ *und* $x > 1$. *Die Menge* $\mathbb{L} = \{x \mid 1 < x < 2\}$ *enthält alle Werte der Variablen, die beide Ungleichungen erfüllen.*

Ü 10.3.7 *Für welche x sind die folgenden Ungleichungen erfüllt?*
a) $6x - 5 \leq 1$ *und* $3x + 7 \geq 4$; **b)** $4x + 10 > 2$ *und* $9 - 2x > 3$;
c) $4x + 17 < 21$ *und* $2x - 13 > 11$.

10.4 Doppelte Ungleichungen

Die Ungleichungen $a < b$ und $b < c$ können zu der doppelten Ungleichung $a < b < c$ zusammengefasst werden (siehe D 10.1.4). Durch eine einfache Ungleichung mit einer Variablen x wird der Bereich der Werte, die für x zulässig sind, durch die Ungleichung nach unten ($x > a$) oder nach oben ($x < b$) begrenzt. Durch eine doppelte Ungleichung $a < x < b$ wird der Bereich der zulässigen Werte nach beiden Seiten begrenzt.

$a < x < b$ bedeutet, dass x Werte zwischen a und b (ausschließlich der beiden Grenzen) annehmen kann. Bei $a \leq x \leq b$ sind auch die beiden Randwerte als Werte für x zugelassen. Bei $a \leq x < b$ und $a < x \leq b$ ist jeweils nur ein Randwert (a bzw. b) für x zugelassen.

Während also eine einfache Ungleichung mit einer Variablen ein **einseitig begrenztes Intervall** für die Variable beschreibt, gibt eine doppelte Ungleichung mit einer Variablen ein **zweiseitig begrenztes Intervall** an.

Je nachdem, ob die Intervallgrenzen mit zum Intervall gehören oder nicht, unterscheidet man

offenes Intervall	$a < x < b$, auch bezeichnet mit $)a, b($
geschlossenes Intervall	$a \leq x \leq b$, auch bezeichnet mit (a, b)
halboffenes Intervall	$a \leq x < b$, auch bezeichnet mit $(a, b($
oder	$a < x \leq b$, auch bezeichnet mit $)a, b)$.

Anstelle der runden Klammern werden auch eckige oder spitze Klammern verwendet. Für ein halboffenes Intervall $a < x \leq b$ findet man deshalb auch folgende Schreibweisen: $(a, b],]a, b], < a, b]$. Für die anderen Intervalle ergibt sich Entsprechendes.

Die Rechenregeln für einfache Ungleichungen lassen sich entsprechend auf doppelte Ungleichungen übertragen.

B 10.4.1 *Um die Ungleichung* $10 < 4 - 3x < 16$ *so umzuformen, dass x isoliert in der Mitte steht (sich also ein Intervall für x ergibt), ist zunächst* 4 *zu subtrahieren:* $10 - 4 < -3x < 16 - 4$
oder $6 < -3x < 12$. *Bei der Multiplikation mit* $-1/3$ *sind die Ungleichheitszeichen umzukehren:* $-2 > x > -4$ *oder* $-4 < x < -2$.

Ü 10.4.2 *Formen Sie die Ungleichungen so um, dass x isoliert in der Mitte steht.* **a)** $5 < 2+4x < 9$; **b)** $10 < 3-x < 18$; **c)** $5 < 2-3x < 11$.

Ü 10.4.3 *Gegeben sei die folgende doppelte Ungleichung:*
$a - ts \leq x \leq a + ts$ *mit* $s > 0$.
a) *Formen Sie die Ungleichung so um, dass links $-t$ und rechts $+t$ steht.*
b) *Formen Sie die Ungleichung so um, dass dadurch ein Intervall für a angegeben wird.*

Hat man mehr als drei geordnete Zahlen, dann kann man auch längere Ungleichungsketten aufstellen: $a_1 < a_2 < a_3 < \ldots < a_{n-1} < a_n$.

10.5 Geometrische Interpretation von Ungleichungen

Durch einfache bzw. doppelte Ungleichungen mit einer Variablen werden einseitig bzw. zweiseitig begrenzte Intervalle für die Variablen beschrieben. Diese Intervalle lassen sich einfach grafisch veranschaulichen. Dazu benutzt man die grafische Darstellung der reellen Zahlen durch die **Zahlengerade** (vgl. Figur 10.5.1):

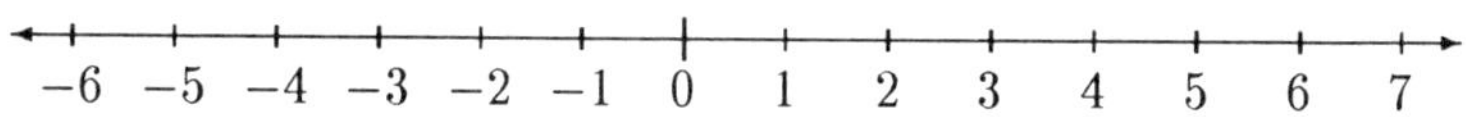

F 10.5.1 Zahlengerade

Für die verschiedenen Intervallformen ergeben sich dann die Darstellungen in den Figuren 10.5.2 und 10.5.3, wobei folgende Bezeichnungsweisen verwendet wurden:

x	Variable
a, b	Intervallgrenzen
•	Intervallgrenze, die zum Intervall gehört ($\geq, \leq$)
∘	Intervallgrenze, die nicht zum Intervall gehört ($>, <$).

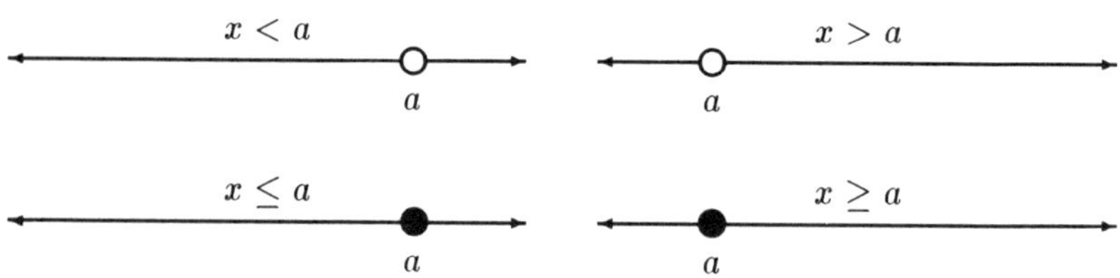

F 10.5.2 Einseitig begrenzte Intervalle

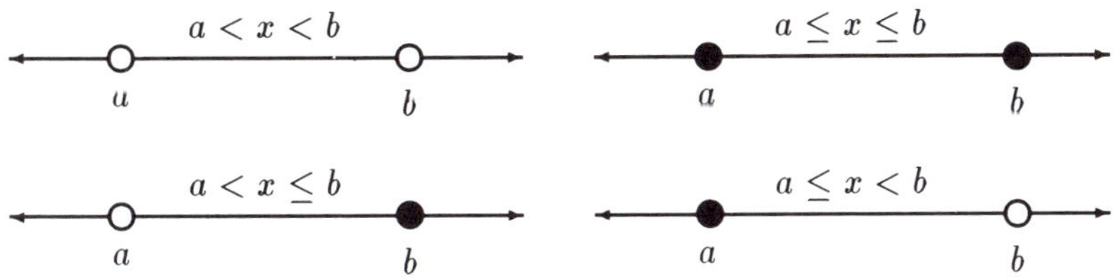

F 10.5.3 Zweiseitig begrenzte Intervalle

10.6 Nichtlineare Ungleichungen

In Ungleichungen mit einer Variablen kann die Variable auch in der zweiten oder einer höheren Potenz vorkommen.

D 10.6.1 Eine Ungleichung mit einer Variablen, in der zweite oder höhere Potenzen der Variablen vorkommen, heißt **nichtlineare Ungleichung.**

Nach der höchsten vorkommenden Potenz kann man von einer Ungleichung n-ten Grades sprechen (vgl. D 9.6.1).

Bei der **Auflösung quadratischer Ungleichungen** ist es zweckmäßig, ähnliche Fallunterscheidungen zu machen wie bei den quadratischen Gleichungen.

Reinquadratische Ungleichungen $x^2 > a$ oder $x^2 < a$

R 10.6.2 Die Ungleichung $x^2 > a$ mit $a > 0$ ist für $x > \sqrt{a}$ und $x < -\sqrt{a}$ erfüllt, d.h. $\mathbb{L} = \{x \mid x > \sqrt{a} \vee x < -\sqrt{a}\}$. Die Ungleichung $x^2 < a$ mit $a > 0$ ist für $-\sqrt{a} < x < \sqrt{a}$ erfüllt, d.h. $\mathbb{L} = \{x \mid -\sqrt{a} < x < \sqrt{a}\}$.

B 10.6.3 *a)* $x^2 > 9$ *hat die Lösungsmenge* $\mathbb{L} = \{x \mid x > 3 \vee x < -3\}$.
b) $x^2 < 4$ *hat die Lösungsmenge* $\mathbb{L} = \{x \mid -2 < x < 2\}$.

Da stets $x^2 \geq 0$ gilt, hat die Behandlung reinquadratischer Gleichungen $x^2 > a$ nur Sinn für $a > 0$. Für $a < 0$ ist die Gleichung $x > a$ für alle $x \in \mathbb{R}$ erfüllt.

Ü 10.6.4 *Bestimmen Sie die Lösungsmengen:* **a)** $x^2 > 16$; **b)** $2x^2 - 50 < 0$; **c)** $x^2 + 9 < 0$; **d)** $3x^2 - 12 > 0$.

Quadratische Ungleichungen der Form $x^2 + ax > 0$ bzw. $x^2 + ax < 0$

Für die Bestimmung der Lösungsmenge von $x^2 + ax > 0$ bzw. $x^2 + ax < 0$ setzt man $x^2 + ax = x(x + a)$.
$x(x+a) > 0$ gilt dann, wenn beide Faktoren dasselbe Vorzeichen haben, d.h. $x > 0$ und $x > -a$ oder $x < 0$ und $x < -a$. Daraus folgt:

R 10.6.5 Die **quadratische Ungleichung** $x^2+ax > 0$ hat für $a > 0$ die Lösungsmenge $\mathbb{L} = \{x \mid x < -a \lor x > 0\}$ und für $a < 0$ die Lösungsmenge $\mathbb{L} = \{x \mid x > -a \lor x < 0\}$.

B 10.6.6 *a)* $x^2 - 2x > 0$ *hat die Lösungsmenge* $\mathbb{L} = \{x \mid x > 2 \lor x < 0\}$.
b) $x^2 + 5x > 0$ *hat die Lösungsmenge* $\mathbb{L} = \{x \mid x > 0 \lor x < -5\}$.

Ü 10.6.7 *Bestimmen Sie die Lösungsmengen:* **a)** $x^2 + 6x > 0$; **b)** $x^2 - 7x > 0$; **c)** $3x^2 + 12x > 0$; **d)** $4x^2 - 7x > 0$.

$x(x + a) < 0$ gilt dann, wenn beide Faktoren entgegengesetzte Vorzeichen haben, d.h. $x < 0$ und $x > -a$ oder $x > 0$ und $x < -a$. Für $a > 0$ liefert $x > 0$ und $x < -a$ einen Widerspruch, so dass die Ungleichung stets nur für $-a < x < 0$ erfüllt ist. Für $a < 0$ liefert $x < 0$ und $x > -a$ einen Widerspruch, so dass die Ungleichung dann nur für $0 < x < -a$ erfüllt ist. Es gilt somit:

R 10.6.8 Die **quadratische Ungleichung** $x^2 + ax < 0$ hat für $a > 0$ die Lösungsmenge $\mathbb{L} = \{x \mid -a < x < 0\}$ und für $a < 0$ die Lösungsmenge $\mathbb{L} = \{x \mid 0 < x < -a\}$.

B 10.6.9 *a)* $x^2 + 3x < 0; \mathbb{L} = \{x \mid -3 < x < 0\}$.
b) $x^2 - 7{,}2x < 0; \mathbb{L} = \{x \mid 0 < x < 7{,}2\}$.

Ü 10.6.10 *Bestimmen Sie die Lösungsmengen:* **a)** $x^2 + 4x < 0$; **b)** $x^2 - 2x < 0$; **c)** $x^2 + 6{,}8x < 0$; **d)** $x^2 - 12x < 0$.

Allgemeine quadratische Ungleichungen

Die allgemeine quadratische Ungleichung hat die Form $ax^2 + bx + c > 0$ oder $ax^2 + bx + c < 0$. Durch Multiplikation mit $\frac{1}{a}$ kann daraus immer eine der **Normalformen** $x^2 + px + q > 0$ oder $x^2+px+q < 0$ werden (vgl. auch Abschnitt 9.1 und R 9.3.1). In Anlehnung an R 9.3.1 ergibt sich für die Lösungsmenge einer quadratischen Ungleichung in Normalform

$$x^2 + px + q > 0 \Rightarrow x^2 + px + \tfrac{p^2}{4} > \tfrac{p^2}{4} - q \Rightarrow (x + \tfrac{p}{2})^2 > \tfrac{p^2}{4} - q$$
$$\Rightarrow x + \tfrac{p}{2} > \sqrt{\tfrac{p^2}{4} - q} \vee x + \tfrac{p}{2} < -\sqrt{\tfrac{p^2}{4} - q}$$
$$\Rightarrow x > -\tfrac{p}{2} + \sqrt{\tfrac{p^2}{4} - q} \vee x < -\tfrac{p}{2} - \sqrt{\tfrac{p^2}{4} - q}.$$

Für $x^2 + px + q < 0$ erhält man im zweiten Schritt $(x + \frac{p}{2})^2 < \frac{p^2}{4} - q$ und daraus folgt $-\frac{p}{2} - \sqrt{\frac{p^2}{4} - q} < x < -\frac{p}{2} + \sqrt{\frac{p^2}{4} - q}$ für die Lösungsmenge. In beiden Fällen ist die Ungleichung nur lösbar, falls $\frac{p^2}{4} - q > 0$ gilt. Es ergibt sich:

R 10.6.11 Die quadratische Gleichung $x^2 + px + q = 0$ habe die Lösungen $x_1 = -\frac{p}{2} - \sqrt{\frac{p^2}{4} - q}$ und $x_2 = -\frac{p}{2} + \sqrt{\frac{p^2}{4} - q}$. Für die **quadratische Ungleichung** $x^2 + px + q > 0$ ergibt sich als Lösungsmenge $\mathbb{L} = \{x \mid x > x_2 \vee x < x_1\}$ und für $x^2 + px + q < 0$ die Lösungsmenge $\mathbb{L} = \{x \mid x_1 < x < x_2\}$.

Man beachte, dass die Intervallgrenzen in den Lösungsmengen $\mathbb{L}$ mit den beiden Lösungen der Normalform der quadratischen Gleichung übereinstimmen, die nach R 9.3.1 bestimmt werden können.

B 10.6.12 *a)* $x^2 - 3x + 2 > 0; \mathbb{L} = \{x \mid x > 2 \vee x < 1\}$.
b) $x^2 - 3x + 2 < 0; \mathbb{L} = \{x \mid 1 < x < 2\}$.

Ü 10.6.13 *Bestimmen Sie die Lösungsmengen:* **a)** $x^2 - 2x - 3 > 0$; **b)** $x^2 - 2x - 3 < 0$; **c)** $x^2 - 4x - 5 < 0$; **d)** $x^2 - 10x + 24 > 0$.

Die Lösungsmengen quadratischer Ungleichungen hängen, wie aus den vorhergehenden Ausführungen deutlich wird, von den Lösungen der zugehörigen quadratischen Gleichung ab. Eine quadratische Gleichung kann keine, eine oder zwei Lösungen haben. Je nachdem, welcher Fall vorliegt, welches Vorzeichen der Koeffizient von x^2 hat und ob bei der quadratischen Ungleichung „> 0" oder „< 0" als Bedingung gegeben ist, ergeben sich unterschiedliche Lösungsmengen. Die folgende Übersicht, die auch für $b = 0$ und/oder $c = 0$ anwendbar ist, enthält die Lösungen für alle vorkommenden quadratischen Ungleichungen.

$ax^2+bx+c=0$ hat die folgenden reellen Lösungen	Lösungen der quadratischen Gleichung $ax^2+bx+c>0$ für		$ax^2+bx+c<0$ für	
	$a>0$	$a<0$	$a>0$	$a<0$
keine	$\mathbb{R}$	$\emptyset$	$\emptyset$	$\mathbb{R}$
eine: x_1	$\mathbb{R}\setminus\{x_1\}$	$\emptyset$	$\emptyset$	$\mathbb{R}\setminus\{x_1\}$
zwei: x_1 und x_2	$x<x_1$ $\vee x>x_2$	$x_1<x<x_2$	$x_1<x<x_2$	$x<x_1$ $\vee x>x_2$

Die Auflösung einer Ungleichung der Form $ax^2+bx+c>0$ oder $ax^2+bx+c<0$ kann auch mit Hilfe einer Art Tabelle bestimmt werden. Dabei macht man von der folgenden Beziehung Gebrauch:

R 10.6.14 Die quadratische Gleichung $ax^2+bx+c=0$ habe die Lösungen x_1 und x_2. Es gilt dann
$ax^2+bx+c=a(x-x_1)(x-x_2)=0.$

Die Auflösung einer quadratischen Ungleichung über eine mit einer grafischen Darstellung verbundene Tabelle zeigt das folgende Beispiel.

B 10.6.15 $3x^2-9x-30=0$ *hat die Lösungen* $x_1=-2$ *und* $x_2=5$. *Es gilt also* $3x^2-9x-30=3(x+2)(x-5)$. *Für die Ungleichung* $x^2-9x-30>0$ *bzw.* <0 *schreibt man* $x(x+2)(x-5)>0$ *bzw.* <0. *Für „*>0*" ist die Ungleichung erfüllt, wenn beide Faktoren das gleiche Vorzeichen haben und für „*<0*" bei entgegengesetzten Vorzeichen. Zur Vorzeichenprüfung verwendet man folgende Tabelle* (F 10.6.16)*:*

	$x < x_1 = -2$	$x_1 = -2 < x < x_2 = 5$ (mit 0)	$x > x_2 = 5$
$(x+2)$	$-$	$+$	$+$
$(x-5)$	$-$	$-$	$+$
$(x+2)(x-5)$	$+$	$-$	$+$
$3(x+2)(x-5)$	$+$	$-$	$+$

F 10.6.16 *Schema zur Lösung einer quadratischen Ungleichung*

Für $3x^2-9x-30>0$ *ergibt sich* $\mathbb{L}=\{x \mid x<-2 \vee x>5\}$ *und für* $3x^2-9x-30<0$ *erhält man* $\mathbb{L}=\{x \mid -2<x<5\}$.

Eine andere Möglichkeit zur Bestimmung der Lösungsmenge einer quadratischen Ungleichung ergibt sich aus folgenden Überlegungen:

Die grafische Darstellung der Funktion

$$y = ax^2 + bx + c$$

ergibt eine Parabel.
Für $a > 0$ ist die Parabel nach oben geöffnet und für $a < 0$ ist sie nach unten geöffnet.

Die Lösungen der quadratischen Gleichung

$$ax^2 + bx + c = 0$$

ergeben die Nullstellen der Parabel. Man erhält dafür nach R 9.3.8
$x_{1/2} = -\frac{b}{2a} \pm \sqrt{\frac{b^2}{4a^2} - \frac{c}{a}}$.
Je nach Vorzeichen von $\frac{b^2}{4a^2} - \frac{c}{a}$ hat die quadratische Gleichung zwei, eine oder keine Lösung und zwar gilt (vgl. R 9.3.10)
falls $\frac{b^2}{4a^2} - \frac{c}{a} > 0$, so gibt es **zwei** Lösungen,
falls $\frac{b^2}{4a^2} - \frac{c}{a} = 0$, so gibt es **eine** Lösung und
falls $\frac{b^2}{4a^2} - \frac{c}{a} < 0$, so gibt es **keine** Lösung.

Die Bestimmung der Lösungsmenge der Ungleichung

$$ax^2 + bx + c > 0 \text{ bzw. } ax^2 + bx + c < 0$$

ist nun äquivalent mit der Bestimmung des Bereichs, in dem die Parabel positiv oder negativ ist bzw. über oder unter der x-Achse verläuft. Diesen Bereich und damit die Lösungsmenge einer quadratischen Ungleichung kann man nach R 10.6.18 bestimmen (siehe nächste Seite).

Aus R 10.6.18 geht folgendes hervor: Hat die quadratische Gleichung keine Nullstelle, so gilt $\mathbb{L} = \emptyset$ oder $\mathbb{L} = \mathbb{R}$, da die Parabel vollständig über oder unter der Abszisse liegt. Bei einer Nullstelle gilt entsprechend $\mathbb{L} = \emptyset$ oder $\mathbb{L} = \mathbb{R} \setminus \{x_1\}$. Bei zwei Nullstellen ist die Lösungsmenge entweder das Intervall zwischen den Nullstellen oder der Bereich außerhalb (links und rechts) der Nullstellen.

B 10.6.17 *a)* $2x^2 - 4x - 16 < 0$.
$2x^2 - 4x - 16 = 0$ *ergibt die Lösungen* $x_1 = -2, x_2 = 4$.
Die Parabel ist nach oben geöffnet. $\mathbb{L} = \{x \mid -2 < x < 4\}$.
b) $-3x^2 + 18x - 15 < 0$.
$-3x^2 + 18x - 15 = 0$ *ergibt* $x_1 = 1$ *und* $x_2 = 5$.
Die Parabel ist nach unten geöffnet. $\mathbb{L} = \{x \mid x < 1 \vee x > 5\}$.

R 10.6.18

Bestimmung der Lösungsmenge einer quadratischen Ungleichung $ax^2 + bx + c > 0$ bzw. $ax^2 + bx + c < 0$

(1) Bestimme die Lösungen der quadratischen Gleichung $ax^2 + bx + c = 0$, also

$$x_{1/2} = -\frac{b}{2a} \pm \sqrt{\frac{b^2}{4a^2} - \frac{c}{a}}$$

(2) Prüfe, ob die Parabel $y = ax^2 + bx + c$ nach oben geöffnet ist (dann gilt $a > 0$) oder nach unten ($a < 0$).

(3) Für die Lösungsmenge ergibt sich

a) $ax^2 + bx + c = 0$ besitzt **keine Lösung**:

$\mathbb{L} = \emptyset$ falls $ax^2 + bx + c > 0$ *und* $a < 0$ *oder* $ax^2 + bx + c < 0$ *und* $a > 0$

$\mathbb{L} = \mathbb{R}$ falls $ax^2 + bx + c > 0$ *und* $a > 0$ *oder* $ax^2 + bx + c < 0$ *und* $a < 0$

b) $ax^2 + bx + c = 0$ besitzt **eine Lösung** $x = x_1$:

$\mathbb{L} = \emptyset$ falls $ax^2 + bx + c > 0$ *und* $a < 0$ *oder* $ax^2 + bx + c < 0$ *und* $a > 0$

$\mathbb{L} = \mathbb{R} \setminus \{x_1\}$ falls $ax^2 + bx + c > 0$ *und* $a > 0$ oder $ax^2 + bx + c < 0$ *und* $a < 0$

c) $ax^2 + bx + c = 0$ besitzt **zwei Lösungen** $x = x_1$ und $x = x_2$:

$\mathbb{L} = \{x \in \mathbb{R} \mid x_1 < x < x_2\}$ falls $ax^2 + bx + c > 0$ *und* $a < 0$ *oder* $ax^2 + bx + c < 0$ *und* $a > 0$

$\mathbb{L} = \{x \in \mathbb{R} \mid x < x_1 \vee x > x_2\}$ falls $ax^2 + bx + c > 0$ *und* $a > 0$ *oder* $ax^2 + bx + c < 0$ *und* $a < 0$

Ungleichungen höheren Grades

Die Bestimmung der Lösungsmenge von Ungleichungen 3. oder höheren Grades kann hier allgemein nicht behandelt werden. Für Spezialfälle, die den in Abschnitt 9.6 behandelten Gleichungen höherer Ordnung entsprechen, kann die Lösungsmenge jedoch verhältnismäßig einfach bestimmt werden. In den beiden Spezialfällen geht es darum, durch Ausklammern einer Potenz von x das Problem auf die Bestimmung der Lösungsmenge einer linearen oder einer quadratischen Ungleichung zurückzuführen.

R 10.6.19 Zur Bestimmung der Lösungsmenge von $ax^n + bx^{n-1} > 0$ wird x^{n-1} ausgeklammert: $x^{n-1}(ax+b) > 0$. Es gilt dann $\mathbb{L} = \{x \mid x^{n-1} > 0 \wedge ax + b > 0 \vee x^{n-1} < 0 \wedge ax + b < 0\}$.
Für $ax^n + bx^{n-1} < 0$ bzw. $x^{n-1}(ax+b) < 0$ gilt
$\mathbb{L} = \{x \mid x^{n-1} > 0 \wedge ax + b < 0 \vee x^{n-1} < 0 \wedge ax + b > 0\}$.

Bei der Anwendung von R 10.6.19 ist darauf zu achten, dass von $x^{n-1} > 0 \wedge ax + b > 0$ bei der Ermittlung der Lösungsmenge immer nur eine der beiden Bedingungen wirksam wird, sofern sich nicht sogar beide Bedingungen widersprechen. Das gleiche gilt für $x^{n-1} < 0 \wedge ax + b < 0$. Ferner ist darauf zu achten, dass $x^{n-1} < 0$ für gerades $n-1$ für kein reelles x erfüllt wird, dass aber $x^{n-1} > 0$ für gerades $n-1$ für alle $x \in \mathbb{R}$ außer $x = 0$ erfüllt ist.

B 10.6.20 *a)* $5x^6 + 20x^5 > 0 \Rightarrow x^5(5x+20) > 0$
$\mathbb{L} = \{x \mid x^5 > 0 \wedge x > -4 \vee x^5 < 0 \wedge x < -4\} = \{x \mid x > 0 \vee x < -4\}$;
b) $3x^5 - 6x^4 < 0 \Rightarrow x^4(3x-6) < 0$
$\mathbb{L} = \{x \mid x^4 > 0 \wedge 3x - 6 < 0 \vee x^4 < 0 \wedge 3x - 6 > 0\} = \{x \mid x < 2\}$.

Ü 10.6.21 *Bestimmen Sie die Lösungsmengen:* **a)** $x^7 + 2x^6 > 0$; **b)** $3x^5 + 9x^4 < 0$; **c)** $4x^6 - 6x^5 < 0$; **d)** $x^9 - 7x^8 > 0$.

R 10.6.22 Zur Bestimmung der Lösungsmenge von $ax^n + bx^{n-1} + cx^{n-2} > 0$ wird x^{n-2} ausgeklammert: $x^{n-2}(ax^2 + bx + c) > 0$. Es gilt dann
$\mathbb{L} = \{x \mid x^{n-2} > 0 \wedge ax^2 + bx + c > 0 \vee x^{n-2} < 0 \wedge ax^2 + bx + c < 0\}$.
Für $ax^n + bx^{n-1} + cx^{n-2} < 0$ ergibt sich entsprechend
$\mathbb{L} = \{x \mid x^{n-2} > 0 \wedge ax^2 + bx + c < 0 \vee x^{n-2} < 0 \wedge ax^2 + bx + c > 0\}$.

B 10.6.23 *a)* $x^7 - 3x^6 + 2x^5 > 0 \Rightarrow x^5(x^2 - 3x + 2) > 0$
$\mathbb{L} = \{x \mid x^5 > 0 \wedge x^2 - 3x + 2 > 0 \vee x^5 < 0 \wedge x^2 - 3x + 2 < 0\}$.
$x^2 - 3x + 2 = 0$ *hat die Lösungen* $x_1 = 1$ *und* $x_2 = 2$.

In Verbindung mit R 10.6.11 *folgt damit*

$$\begin{aligned}\mathbb{L} &= \{x \mid x > 0 \wedge x > 2 \vee x < 1 \vee x < 0 \wedge 1 < x < 2\} \\ &= \{x \mid 0 < x < 1 \vee x > 2\}.\end{aligned}$$

b) $x^6 - 6x^5 + 8x^4 < 0 \Rightarrow x^4(x^2 - 6x + 8) < 0.$

$\mathbb{L} = \{x \mid x^4 > 0 \wedge x^2 - 6x + 8 < 0 \vee x^4 < 0 \wedge x^2 - 6x + 8 > 0\}.$

$x^2 - 6x + 8 = 0$ *hat die Lösungen* $x_1 = 2$ *und* $x_2 = 4$.

Mit R 10.6.11 *folgt, da* $x^4 > 0$ *für alle* $x \neq 0$ *und* $x^4 < 0$ *für kein reelles* x *gilt*

$\mathbb{L} = \{x \mid x^2 - 6x + 8 < 0\} = \{x \mid 2 < x < 4\}.$

Ü 10.6.24 *Bestimmen Sie die Lösungsmenge:* **a)** $x^5 - 2x^4 - 8x^3 > 0$; **b)** $x^7 - 4x^6 + 3x^5 < 0$; **c)** $x^8 - 4x^7 + 3x^6 < 0$; **d)** $x^5 - 8x^4 + 12x^3 > 0$.

Ergänzende Aufgaben:

Ü 10.6.25 *Bestimmen Sie die Lösungsmengen:* **a)** $x^2 > 25$; **b)** $x^2 < 9$.

Ü 10.6.26 *Bestimmen Sie die Lösungsmengen:* **a)** $x^2 + 12x > 0$; **b)** $x^2 - 2x < 0$; **c)** $5x^2 - 12x > 0$.

Ü 10.6.27 *Bestimmen Sie die Lösungsmengen:* **a)** $x^2 - 10x + 16 > 0$; **b)** $x^2 - 10x + 16 < 0$; **c)** $x^2 + 2x - 3 > 0$; **d)** $x^2 + 2x - 3 < 0$.

Ü 10.6.28 *Bestimmen Sie die Lösungsmengen:* **a)** $x^5 + 2x^4 > 0$; **b)** $3x^4 + 5x^3 > 0$; **c)** $3x^4 + 5x^3 < 0$; **d)** $x^6 - 2x^5 - 15x^4 > 0$; **e)** $x^6 - 2x^5 + 15x^4 < 0$; **f)** $x^8 - 4x^6 > 0$.

11 Grundzüge der Planimetrie

In diesem Kapitel werden die wichtigsten Grundzüge der Geometrie der Ebene behandelt. Zu Einzelheiten ist auf die ergänzende Literatur zu verweisen.

11.0 Vortest

Ü 11.0.1 *Von einem Dreieck sind die Winkel* $\alpha = 70°$ *und* $\gamma = 58°$ *bekannt. Wie groß ist* β*?*

Ü 11.0.2 *Ein Dreieck hat die Seiten* a, b *und* c *mit* $a = 18$ *und* $c = 14$. *Zwischen welchen Grenzen liegt die Länge der Seite* b*?*

Ü 11.0.3 *In einem gleichschenkligen Dreieck ist ein Winkel an der Basis* 70°. *Wie groß ist der Winkel zwischen den Schenkeln?*

Ü 11.0.4 *In einem rechtwinkligen Dreieck ist eine Kathete* 4 *cm lang und die Hypotenuse* 5 *cm. Wie lang ist die andere Kathete?*

Ü 11.0.5 *Wie groß ist die Fläche eines Dreiecks mit der Seite* $a = 8cm$ *und der Höhe* $h = 5cm$ *?*

Ü 11.0.6 *Zwei parallele Seiten eines Trapezes sind* 12 *cm und* 18 *cm lang und haben einen Abstand von* 6 *cm. Wie groß ist die Fläche des Trapezes?*

Ü 11.0.7 *Die Seiten eines Rechtecks sind* 5 *cm und* 9 *cm lang. Wie groß sind Umfang* U *und Fläche* F*?*

Ü 11.0.8 *Wie groß sind Umfang und Fläche eines Kreises mit dem Radius* $r = 6$ *cm?*

11.1 Grundbegriffe

D 11.1.1 Das einfachste geometrische Gebilde ist der **Punkt.** Er ist eine **dimensionslose** Stelle im Raum.

Punkte werden im Folgenden durch große lateinische Buchstaben bezeichnet.

D 11.1.2
a) Bewegt sich ein Punkt im Raum, so entsteht eine **Linie.**
b) Bewegt sich ein Punkt stets in derselben Richtung, so erzeugt er eine **Gerade.**
c) Eine einseitig begrenzte Gerade heißt **Strahl.**
d) Eine zweiseitig begrenzte Gerade heißt **Strecke.**

Linien, Geraden, Strahlen und Strecken werden mit kleinen lateinischen Buchstaben bezeichnet. Figur 11.1.3 zeigt Beispiele. Strahlen und Strecken werden durch Punkte begrenzt. Strecken werden deshalb manchmal auch durch ihre Endpunkte bezeichnet (Strecke AB oder $\overline{AB}$). Bei Strecken wird der zur Bezeichnung benutzte Buchstabe häufig auch als Symbol für die **Länge** der Strecke benutzt.

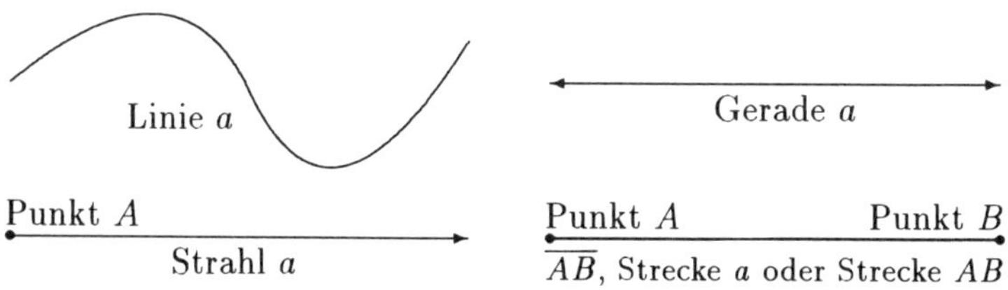

F 11.1.3 Beispiele zu D 11.1.2

Durch die Anschauung (Zeichnung) wird sofort einsichtig:
Eine Gerade bzw. Strecke wird durch **zwei** (voneinander verschiedene) Punkte eindeutig bestimmt. Durch zwei Punkte kann nur **eine** Gerade gezeichnet werden.

D 11.1.4 Bewegt sich eine Linie im Raum, so entsteht eine (im allgemeinen gekrümmte) **Fläche.**

Die Fläche wird durch Linien begrenzt. Bewegt sich eine Gerade im Raum immer in derselben Richtung und ohne Drehung, so entsteht eine **ebene Fläche** oder kurz **Ebene.**
Die Ausführungen dieses Kapitels beziehen sich auf die Geometrie in der Ebene.

D 11.1.5

> Der Richtungsunterschied zweier Strahlen heißt **Winkel.** Die beiden Strahlen heißen auch **Schenkel** des Winkels.

Winkel werden in **Grad** (Symbol: °) gemessen und meistens mit kleinen griechischen Buchstaben bezeichnet (vgl. Figur 11.1.6).

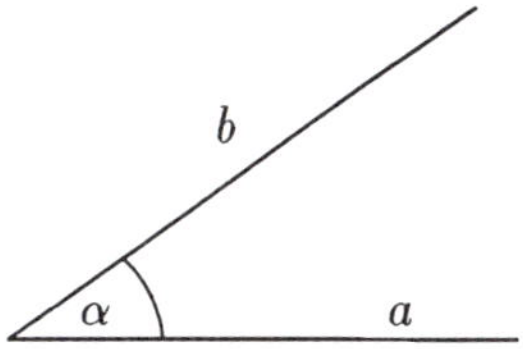

F 11.1.6 Winkel

In Abhängigkeit von der Größe heißt ein Winkel

mit	$0° < \alpha < 90°$	**spitzer** Winkel,
mit	$\alpha = 90°$	**rechter** Winkel,
mit	$90° < \alpha < 180°$	**stumpfer** Winkel,
mit	$\alpha = 180°$	**gestreckter** Winkel,
mit	$180° < \alpha < 360°$	**überstumpfer** Winkel,
mit	$\alpha = 360°$	**voller** Winkel.

In Zeichnungen werden rechte Winkel auch durch einen Punkt gekennzeichnet (·).

R 11.1.7

> Zwei Geraden mit unterschiedlichen Richtungen schneiden sich in **einem** Punkt, dem **Schnittpunkt.**

Figur 11.1.8a) zeigt ein Beispiel. S ist der Schnittpunkt. Die Winkel α_1 und β_1 (bzw. α_2 und β_2), die einen gemeinsamen Schenkel haben und deren andere Schenkel auf einer Geraden liegen, heißen **Nebenwinkel.** Es gilt $\alpha_1+\beta_1 = \alpha_2+\beta_2 = 180°$. Die jeweils gegenüberliegenden Winkel α_1 und α_2 bzw. β_1 und β_2 sind gleich und heißen **Scheitelwinkel.**

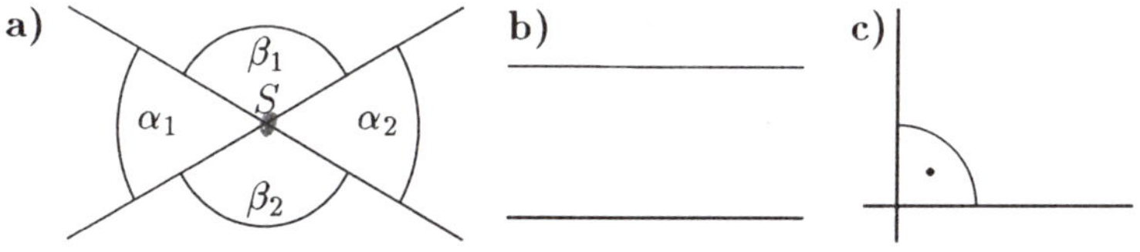

F 11.1.8 a) Geraden mit Schnittpunkt **b)** parallele Geraden **c)** zueinander senkrechte Geraden

D 11.1.9 Zwei verschiedene Geraden mit derselben Richtung haben keinen Schnittpunkt und heißen **parallel.**

Alle Punkte auf einer von zwei parallelen Geraden haben den gleichen Abstand zur anderen Parallelen (Figur 11.1.8b).

D 11.1.10 Zwei Geraden, die sich im Winkel von 90° schneiden, heißen **senkrecht** oder **orthogonal** zueinander (F 10.1.8c).

R 11.1.11 Werden zwei parallele Geraden durch eine oder mehrere zueinander parallele Geraden geschnitten, dann sind die sich entsprechenden Winkel an den Schnittpunkten gleich.

Figur 11.1.12 verdeutlicht R 11.1.11 an einem Beispiel durch Verwendung derselben Bezeichnung für gleiche Winkel.

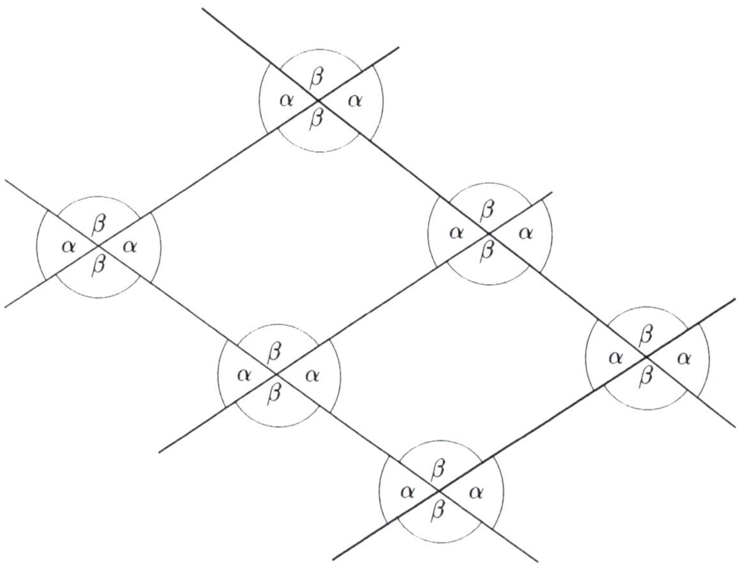

F 11.1.12 Sich schneidende parallele Geraden

Aus sich schneidenden Linien können in der Ebene Figuren gebildet werden. Aus sich schneidenden Geraden entstehen Dreiecke, Vierecke usw. oder allgemein „Vielecke“ (siehe dazu die nächsten Abschnitte).

D 11.1.13 Zwei Figuren, die durch Drehung, Spiegelung und/oder Verschiebung **vollständig** zur Deckung gebracht werden können, heißen **kongruent.**

D 11.1.14 Zwei Vielecke, deren sich entsprechende Winkel übereinstimmen und deren sich entsprechende Begrenzungen im selben Verhältnis stehen, heißen **ähnlich.**

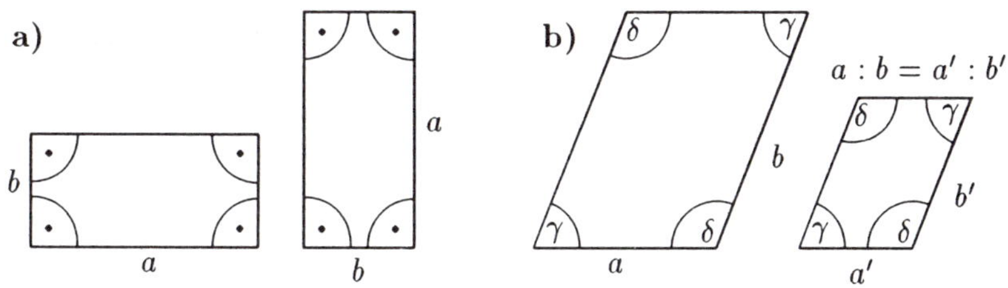

F 11.1.15 a) kongruente und b) ähnliche Figuren

Der **Umfang** einer Figur ist die Gesamtlänge der die Figur begrenzenden Linienabschnitte bzw. Strecken.

11.2 Dreieck

D 11.2.1 Eine von drei Strecken in der Ebene begrenzte Figur heißt **Dreieck.** Die die Figur begrenzenden Strecken heißen **Seiten** des Dreiecks.

F 11.2.2a) zeigt ein Beispiel mit den üblichen Bezeichnungsweisen. Am **Eckpunkt** A liegt der Winkel α und die Seite a liegt gegenüber usw.

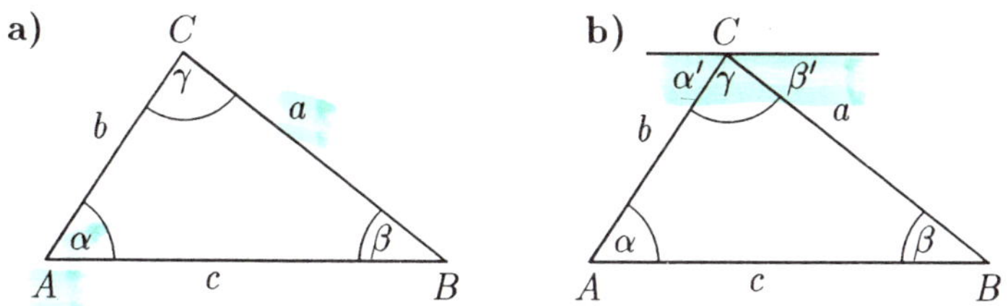

F 11.2.2 a) Dreieck b) Winkelsumme im Dreieck

In Figur 11.2.2b) gilt $\alpha' + \gamma + \beta' = 180°$ sowie $\alpha' = \alpha$ und $\beta' = \beta$ (vgl. R 11.1.11 und F 11.1.12). Also gilt auch $\alpha + \beta + \gamma = 180°$. Daraus ergibt sich die folgende Regel.

R 11.2.3 Die **Summe der Winkel** in einem Dreieck beträgt 180°.

Ü 11.2.4 *Von einem Dreieck sind die angegebenen Winkel bekannt. Bestimmen Sie jeweils den dritten Winkel.*
a) $\alpha = 30°, \beta = 95°$; **b)** $\alpha = 50°, \gamma = 70°$; **c)** $\beta = 80°, \gamma = 60°$.

Für die Seiten eines Dreiecks gilt stets die aus der Anschauung sofort einsichtige folgende Beziehung.

R 11.2.5 Für ein Dreieck mit den Seiten a, b und c gilt:
(1) $|a - b| < c < a + b$
(2) $|a - c| < b < a + c$
(3) $|b - c| < a < b + c$

R 11.2.5 besagt, dass die Länge einer Dreiecksseite immer zwischen Summe und Differenz der beiden übrigen Seiten liegt.

Ü 11.2.6 *Welche Angaben zu den drei Seiten eines Dreiecks sind widersprüchlich?*
a) $a = 12$; $b = 8$; $c = 3$; **b)** $a = 8$; $b = 5$; $c = 6$;
c) $a = 2{,}6$; $b = 8{,}4$; $c = 6{,}7$; **d)** $a = 4{,}1$; $b = 5{,}3$; $c = 9{,}6$.

Ü 11.2.7 *Zwischen welchen Grenzen liegt die jeweils nicht angegebene Seite des Dreiecks?* **a)** $a = 6$; $b = 9$; **b)** $a = 5$; $c = 11$; **c)** $a = 13$; $b = 2$.

R 11.2.8 Es werden folgende **spezielle Dreiecke** unterschieden:
- nach dem **größten Winkel:**
  spitzwinklige, rechtwinklige und **stumpfwinklige** Dreiecke;
- nach der **Länge der Seiten:**
  ungleichseitige (alle Seiten sind verschieden lang), **gleichschenklige** (zwei Seiten sind gleich lang) und **gleichseitige** (alle Seiten sind gleich lang) Dreiecke.

R 11.2.9

> Die den rechten Winkel eines rechtwinkligen Dreiecks einschließenden Seiten heißen **Katheten.** Die **Hypotenuse** ist die dem rechten Winkel gegenüberliegende Seite.
> Die beiden gleichlangen Seiten eines gleichschenkligen Dreiecks heißen **Schenkel**, die dritte Seite **Basis.**
> In einem gleichschenkligen Dreieck sind die beiden Winkel an der Basis gleich. **Alle** Winkel eines gleichseitigen Dreiecks sind gleich 60°.

Ü 11.2.10 *In einem rechtwinkligen Dreieck ist ein Winkel* **a)** 30°, **b)** 72°, **c)** 43°. *Wie groß sind die beiden anderen Winkel?*

Ü 11.2.11 *In einem gleichschenkligen Dreieck schließen die Schenkel einen Winkel von* **a)** 30°, **b)** 48°, **c)** 112° *ein. Wie groß sind die beiden Winkel an der Basis?*

Ü 11.2.12 *In einem gleichschenkligen Dreieck beträgt ein Winkel an der Basis* **a)** 82°, **b)** 16°, **c)** 45°. *Wie groß ist der Winkel zwischen den Schenkeln?*

Neben den Seiten sind bei der Betrachtung von Dreiecken folgende Geraden bzw. Strecken von Bedeutung.

D 11.2.13

> Gegeben sei ein Dreieck.
> a) Eine **Seitenhalbierende** verbindet den Mittelpunkt einer Seite mit der gegenüberliegenden Ecke.
> b) Eine **Winkelhalbierende** teilt einen Innenwinkel in zwei gleich große Teile.
> c) Eine **Mittelsenkrechte** schneidet eine Seite im Mittelpunkt und bildet mit ihr einen Winkel von 90°.
> d) Eine **Höhe** geht durch einen Eckpunkt und steht auf der gegenüberliegenden Seite bzw. deren Verlängerung senkrecht.

Die Seitenhalbierenden, Winkelhalbierenden, Höhen und Mittelsenkrechten eines Dreiecks schneiden sich jeweils in einem Punkt (vgl. Figur 11.2.14).

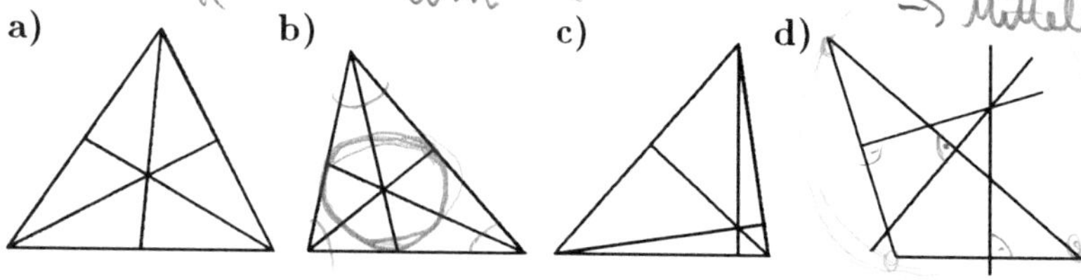

F 11.2.14 Dreiecke mit a) Seiten-, b) Winkelhalbierenden, c) Höhen und d) Mittelsenkrechten

R 11.2.15 Dreiecke sind **kongruent** (siehe D 11.1.13), wenn sie übereinstimmen in
a) allen drei Seiten oder
b) zwei Seiten und dem eingeschlossenen Winkel oder
c) zwei Seiten und dem Gegenwinkel der größeren Seite oder
d) einer Seite und zwei Winkeln.

R 11.2.16 Dreiecke sind **ähnlich** (siehe D 11.1.14), wenn sie übereinstimmen in
a) zwei Winkeln oder
b) dem Verhältnis aller Seiten oder
c) einem Winkel und dem Verhältnis der anliegenden Seiten dieses Winkels oder
d) dem Verhältnis zweier Seiten und dem der größeren Seite gegenüberliegenden Winkel.

Ü 11.2.17 *Prüfen Sie, bei welchen Angaben ähnliche Dreiecke beschrieben sind:* **a)** $a = 3; b = 6{,}2; c = 5$ *und* $a' = 9; b' = 18{,}6; c' = 15$;
b) $a = 4{,}8; b = 7{,}2; c = 8$ *und* $a' = 24; b' = 3{,}6; c' = 3$;
c) $\alpha = 30°; b = 6; c = 9$ *und* $\alpha' = 30°; b' = 16; c' = 24$;
d) $\alpha = 42°; \beta = 85°$ *und* $\beta' = 85°; \gamma' = 53°$.

Bei einem rechtwinkligen Dreieck stehen die Seiten in einer bestimmten Beziehung zueinander.

R 11.2.18 Satz des **PYTHAGORAS**
Bei einem rechtwinkligen Dreieck mit den Katheten a und b und der Hypotenuse c gilt $a^2 + b^2 = c^2$.

Ü 11.2.19 *Wie groß ist die Hypotenuse, wenn ein rechtwinkliges Dreieck folgende Katheten hat?* **a)** $a = 3; b = 4$; **b)** $a = 12; b = 5$; **c)** $a = 4{,}2; b = 5{,}8$.

Ü 11.2.20 *Wie groß ist die zweite Kathete eines rechtwinkligen Dreiecks, wenn die Hypotenuse und die andere Kathete die angegebenen Werte haben?* **a)** $c = 13; a = 12$; **b)** $c = 25; b = 7$; **c)** $c = 20; a = 15$.

Die Fläche eines Dreiecks bestimmt man unter Verwendung einer Seite a, b oder c und der zugehörigen Höhe h_a, h_b oder h_c.

R 11.2.21 Die **Fläche** F eines Dreiecks ergibt sich aus $F = \frac{1}{2}ah_a = \frac{1}{2}bh_b = \frac{1}{2}ch_c$.

Diese Regel kann an einer Zeichnung leicht veranschaulicht werden (Figur 11.2.22). Es ergibt ah_a die Fläche eines Rechtecks (BCFE).
Die Dreiecke ADC und CFA sowie ADB und BEA sind kongruent und haben damit jeweils gleich große Flächen. Die Dreiecksfläche ist also halb so groß wie die Fläche des Rechtecks also $\frac{1}{2}ah_a$.

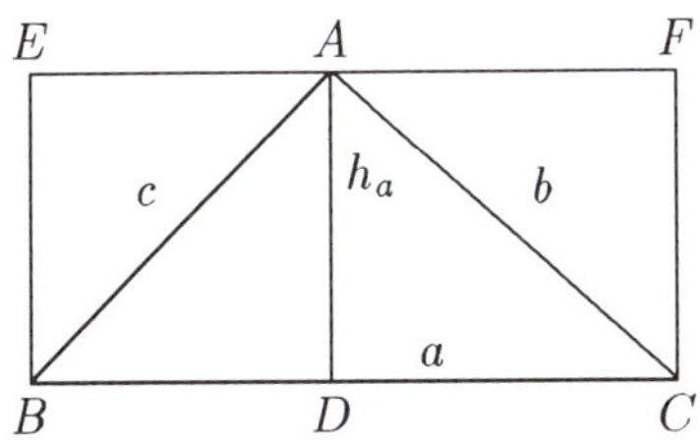

F 11.2.22 Dreiecksfläche

Ü 11.2.23 *Welche Fläche hat ein Dreieck mit* **a)** $a = 12$ *cm und* $h_a = 5$ *cm*; **b)** $b = 4$ *cm und* $h_b = 5{,}2$ *cm?*

R 11.2.24 Der **Umfang** U eines Dreiecks ergibt sich als Summe der Seiten:
$U = a + b + c$.

11.3 Viereck

D 11.3.1 Eine von vier Strecken, den **Seiten,** begrenzte Fläche in der Ebene heißt **Viereck.**

Der Fall sich kreuzender Seiten wird hier ausgeschlossen (vgl. Figur 11.3.2d). Eine **Diagonale** ist die Verbindungsstrecke zweier nicht benachbarter Eckpunkte eines Vierecks (gestrichelte Linien in Figur 11.3.2a).

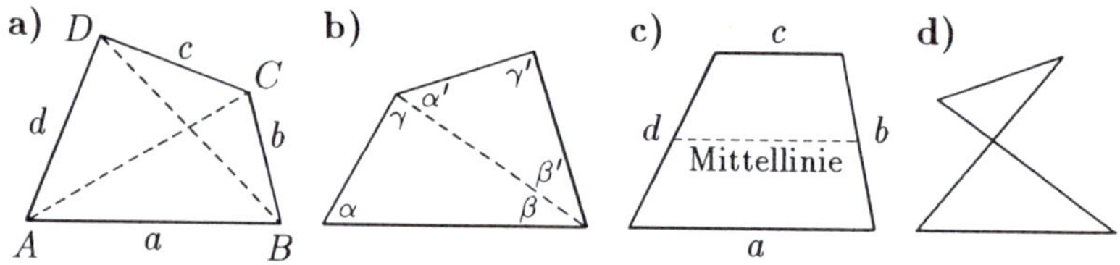

F 11.3.2 a) Viereck mit Diagonalen; **b)** Winkelsumme; **c)** Trapez; **d) kein** Viereck.

Da ein Viereck durch eine Diagonale in zwei Dreiecke zerlegt werden kann, ergibt sich unter Verwendung von R 11.2.3 aus einer Zeichnung (Figur 11.3.2b) unmittelbar:

R 11.3.3 Die Summe der Winkel in einem Viereck beträgt $360°$.

Es gibt verschiedene spezielle Vierecke, die durch Parallelität von Seiten und durch rechte Winkel entstehen.

D 11.3.4 Ein Viereck mit zwei parallelen Seiten heißt **Trapez.** Der Abstand der parallelen Seiten ist die **Höhe** h des Trapezes. Die beiden anderen Seiten heißen **Schenkel**.

F 11.3.2c zeigt ein Beispiel. Sind die Winkel an einer der parallelen Seiten gleich groß, ist das Trapez **gleichschenklig.** Die die beiden Schenkel eines Trapezes halbierende Strecke, die zu den beiden parallelen Seiten parallel verläuft, heißt **Mittellinie.** Sind a und c die Längen der beiden parallelen Seiten, dann gilt für die Länge der Mittellinie $m = \frac{1}{2}(a + c)$.

R 11.3.5 Die **Fläche** F eines **Trapezes** ergibt sich aus $F = mh = \frac{1}{2}(a + c)h$.

Ü 11.3.6 *Berechnen Sie die Flächen der folgenden Trapeze (Maße in cm).*

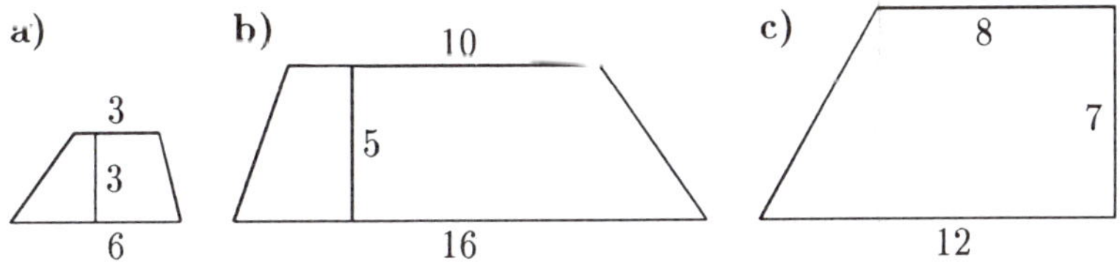

D 11.3.7 Ein Viereck, in dem je zwei Seiten parallel sind, heißt **Parallelogramm**. Die Abstände der jeweils parallelen Seiten sind die **Höhen**.

Bei einem Parallelogramm sind gegenüberliegende Seiten gleich lang und gegenüberliegende Winkel gleich groß (vgl. Figur 11.3.11a)).

R 11.3.8 Ist h_a die zu der Seite a eines **Parallelogramms** gehörige Höhe, so gilt für die **Fläche** $F = ah_a$.

D 11.3.9 Ein Viereck mit vier gleich langen Seiten heißt **Rhombus** oder **Raute.**

Ein Rhombus ist ein Spezialfall des Parallelogramms. (Figur 11.3.11b).

D 11.3.10 Ein Viereck mit vier gleichen Winkeln heißt **Rechteck.**

Da die Winkelsumme im Viereck 360° beträgt, folgt unmittelbar, dass alle Winkel eines Rechtecks 90° betragen (Figur 11.3.11c). Die Diagonalen eines Rechtecks sind gleich lang. Ein Rechteck ist ein Parallelogramm mit Winkeln von 90°.

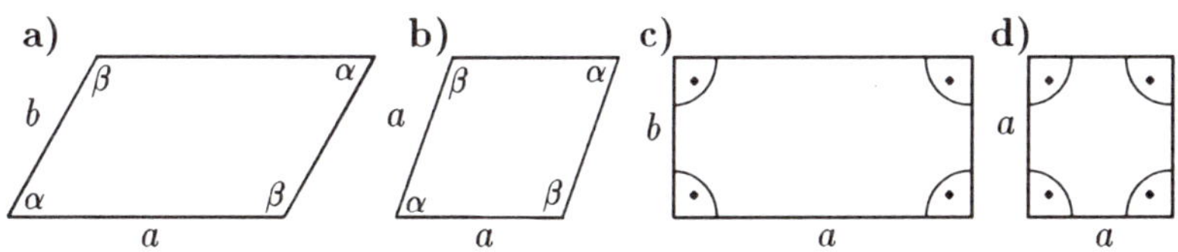

F 11.3.11 a) Parallelogramm b) Rhombus c) Rechteck d) Quadrat

R 11.3.12 Ein **Rechteck** mit den Seiten a und b hat die **Fläche** $F = ab$.

D 11.3.13 Ein Rechteck mit vier gleich langen Seiten heißt **Quadrat.** Die Fläche des Quadrats beträgt $F = a^2$.

Ü 11.3.14 *Berechnen Sie die folgenden Flächen (Maße in m).*

a) *Parallelogramm* **b)** *Rechteck* **c)** *Quadrat*

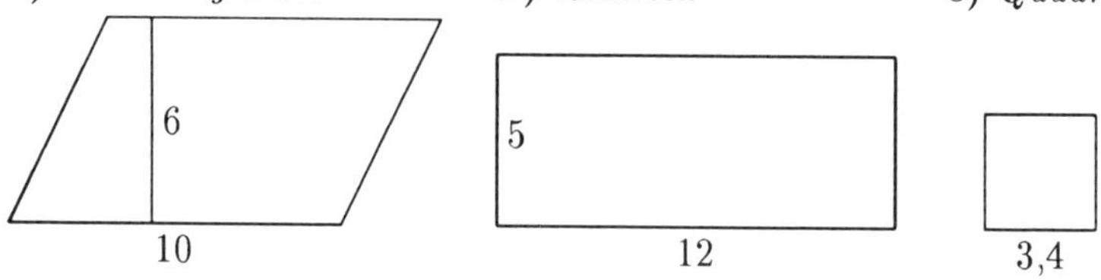

Bei Flächenberechnungen sind gegebene Flächen mitunter in Dreiecke und/oder Vierecke aufzuteilen. Durch Berechnung der Teilflächen und Addition (manchmal auch Subtraktion) können dann die gesuchten Flächen bestimmt werden.

B 11.3.15 *Die folgenden Flächen sind für eine Berechnung geeignet aufgeteilt. Die gesuchte Fläche ist jeweils schraffiert (Maße in m).*

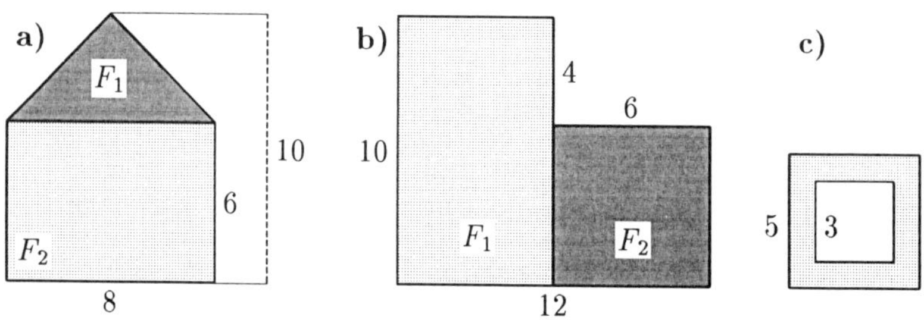

a) $F = F_1 + F_2 = \frac{1}{2} \cdot 8 \cdot 4 + 8 \cdot 6 = 64(m^2)$
b) $F = F_1 + F_2 = 10 \cdot 6 + 6 \cdot 6 = 96(m^2)$
c) $F = 5 \cdot 5 - 3 \cdot 3 = 16(m^2)$

Ü 11.3.16 *Berechnen Sie die folgenden Flächen (Maße in m).*

a) **b)** **c)**

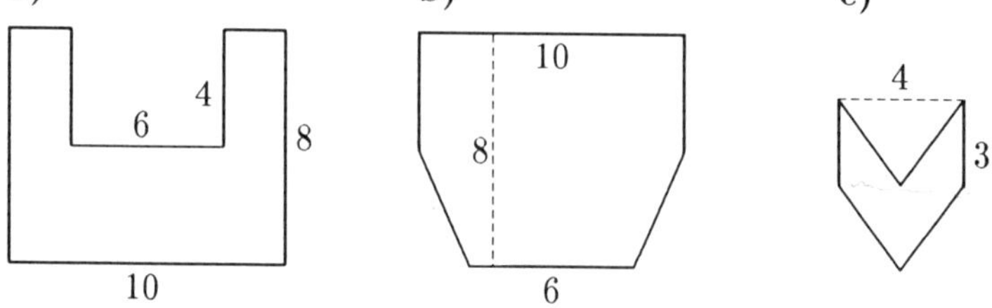

d)

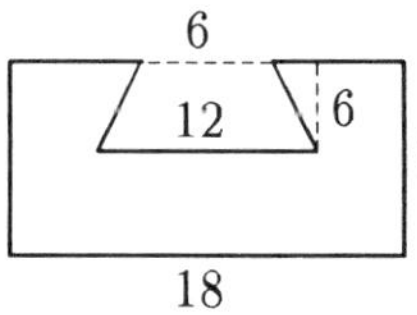

e)

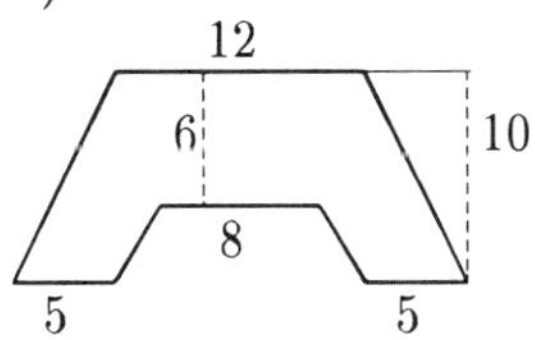

f)

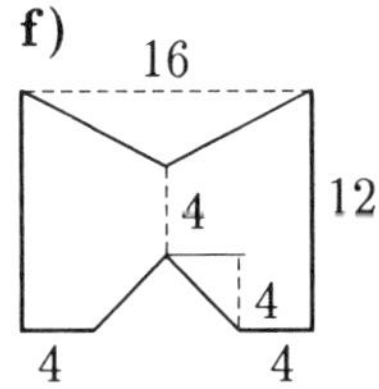

Ü 11.3.17 a) *Eine Einfahrt ist* 30 *m lang und* 3,50 *m breit. Sie soll mit quadratischen Platten von* 25 *cm Seitenlänge ausgelegt werden. Wieviel Platten werden benötigt? Wie viele Platten benötigt man, wenn* 4% *Zuschlag für Abfall gerechnet werden müssen? (Es ist zu beachten, dass bei dieser und ähnlichen Aufgaben nicht nach den üblichen Regeln gerundet werden darf. Bei nicht ganzzahligen Rechenergebnissen ist immer die nächst größere ganze Zahl zu nehmen.)*

b) *Ein* 1,20 *m breiter und* 19 *m langer Weg soll mit Klinkern von* 12×24 *cm gepflastert werden. Wieviel Klinker werden benötigt, wenn* 5% *Zuschlag für Abfall und Verschnitt gerechnet werden müssen?*

c) *Der nachstehend gezeichnete Weg von* 1 *m Breite soll mit Steinen* 11 *cm* $\times$ 22 *cm gepflastert werden. Für Verschnitt etc. ist ein Zuschlag von* 5% *zu rechnen. Wieviel Steine werden benötigt? (Maße in m).*

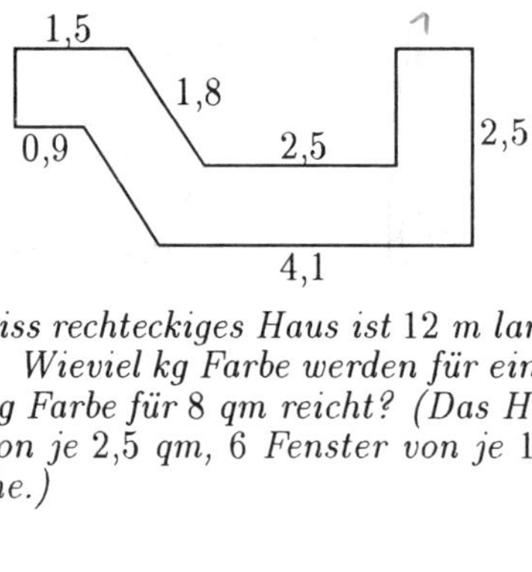

d) *Ein im Grundriss rechteckiges Haus ist* 12 *m lang,* 8 *m breit und* 7 *m hoch (ohne Dach). Wieviel kg Farbe werden für einen Fassadenanstrich benötigt, wenn* 1 *kg Farbe für* 8 *qm reicht? (Das Haus hat eine Tür von* 2 *qm,* 8 *Fenster von je* 2,5 *qm,* 6 *Fenster von je* 1,5 *qm und* 4 *Fenster von* 2,25 *qm Fläche.)*

11.4 Vieleck

D 11.4.1

> Eine von n Strecken ($n > 2$), den Seiten, begrenzte Fläche in der Ebene heißt **n-Eck.** Sind **alle Seiten gleich lang und alle Innenwinkel gleich groß,** handelt es sich um ein **regelmäßiges n-Eck.**

Bei einem regelmäßigen n-Eck liegen alle Eckpunkte auf einem Kreis, dem so genannten Umkreis (F 11.4.2).

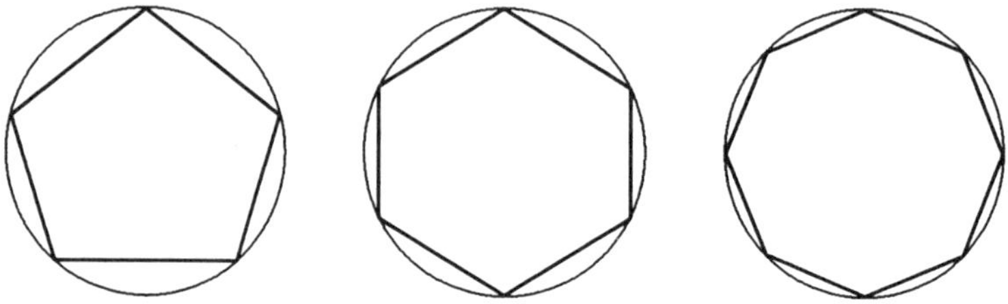

F 11.4.2 Regelmäßiges Fünf-, Sechs- und Achteck mit Umkreis

Die in Figur 11.4.3 dargestellte Sternfigur ist **kein regelmäßiges Vieleck,** da zwar alle Seiten gleich lang, die Innenwinkel aber verschieden sind. Auf Einzelheiten zu den Vielecken wird hier verzichtet.

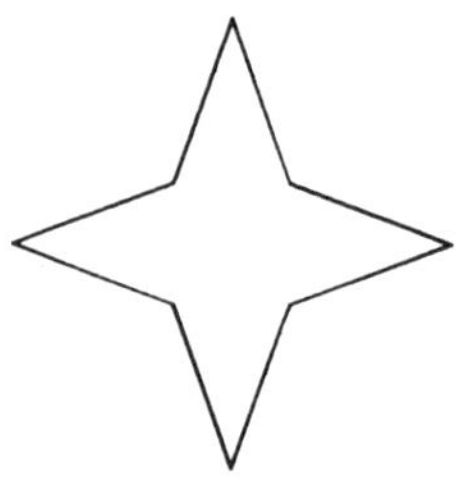

F 11.4.3

11.5 Strahlensätze

Mehrere verschiedene von einem Punkt S ausgehende Strahlen ergeben ein Strahlenbüschel. Legt man durch ein Strahlenbüschel eine Schar paralleler Geraden, dann gelten für die sich ergebenden Abschnitte Beziehungen, die sich über die Ähnlichkeit der entstandenen Dreiecke herleiten lassen.

R 11.5.1

Strahlensätze
Ein Strahlenbüschel wird von einer Schar paralleler Geraden geschnitten. Dann gilt:

a) Gleichliegende Abschnitte auf je zwei Strahlen stehen im gleichen Verhältnis zueinander.
b) Die von je zwei Strahlen gebildeten Abschnitte auf je zwei Parallelen stehen im gleichen Verhältnis zueinander wie die zugehörigen, vom Scheitelpunkt gemessenen Strahlenabschnitte.
c) Gleichliegende Abschnitte auf je zwei Parallelen stehen im gleichen Verhältnis zueinander.

An der Zeichnung in Figur 11.5.2 können die Strahlensätze leicht veranschaulicht werden. Es gilt z.B.:

a) $a : b = f : e = j : h = (f + j) : (e + h)$; $a : f = b : e = c : d$
$b : c = e : d = h : g = (e + h) : (d + g)$;.

b) $n : o = a : f = b : e$; $m : p = b : e = c : d$;
$m : r = b : (e + h) = c : (d + g)$.

c) $m : p = n : o$; $o : p = q : r = n : m$.

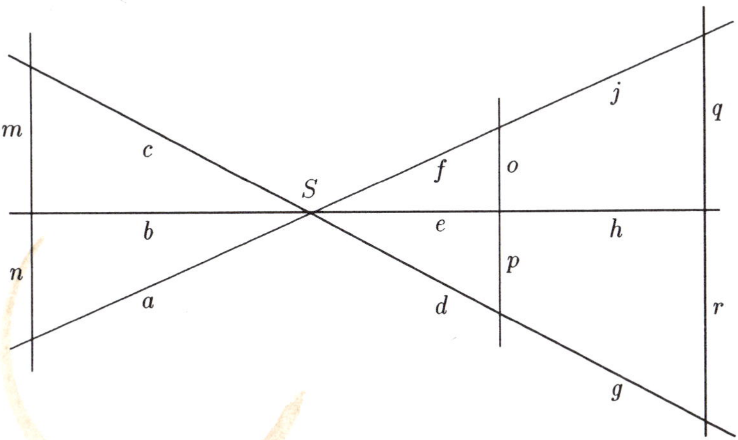

F 11.5.2

Die Strahlensätze werden häufig zur Strecken- oder Entfernungsbestimmung benötigt. Analytisch erhält man dabei immer eine Verhältnisgleichung.

B 11.5.3 *Ein Laternenpfahl von* 15 *m Höhe wirft einen Schatten von* 28 *m Länge. Wie groß ist zur gleichen Zeit der Schatten eines* 35 *m hohen Kirchturms?*
Nach R 11.5.1b *gilt* (*vgl.* F 11.5.4) $x : 28 = 35 : 15$. *Die Auflösung dieser Verhältnisgleichung nach* x *ergibt:* $x = 65{,}33$ *m.*

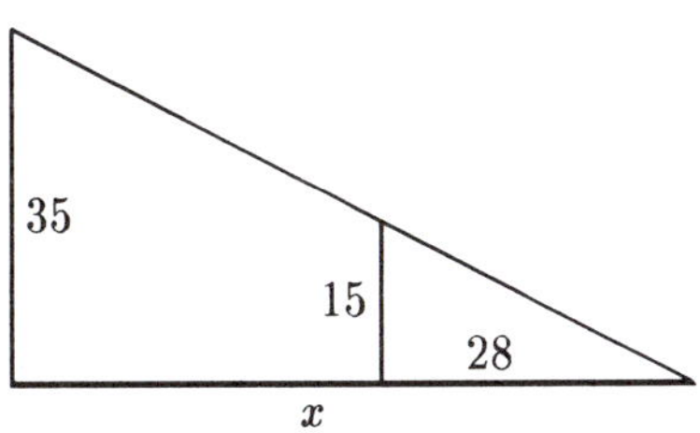

F 11.5.4

Ü 11.5.5 a) *Eine 2,10 m hohe Stange wirft einen Schatten von 1,80 m. Wie hoch ist ein Telegraphenmast, der zur gleichen Zeit einen Schatten von 15 m Länge wirft?*

b) *Jemandem erscheint ein 5 m entfernter Pfahl von 3 m Länge genau so groß, wie ein in derselben Richtung liegendes 40 m hohes Haus. Wie weit ist das Haus von dem Pfahl entfernt?*

Ü 11.5.6 *Bestimmen Sie für die folgenden Zeichnungen jeweils die Länge der Strecke x.*

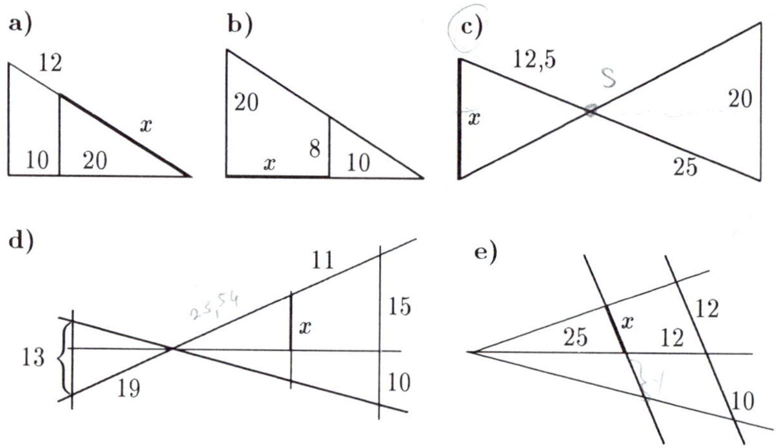

11.6 Kreis

D 11.6.1 Die Menge aller Punkte in der Ebene, die von einem Punkt M den gleichen Abstand r haben, heißt **Kreis.** M ist der **Mittelpunkt** und r der **Radius** des Kreises.

R 11.6.2 Ein Kreis mit dem Radius r hat die Fläche $F = \pi r^2$ und den Umfang $U = 2\pi r$.

π ist eine irrationale Zahl (also ein unendlicher, nichtperiodischer Dezimalbruch). Die ersten Stellen lauten $\pi = 3{,}14159265358979323846\ldots$. Bei vielen elektronischen Taschenrechnern kann der Wert von π über eine besondere Funktionstaste (Aufschrift „π") abgerufen werden. Die Genauigkeit ist dabei je nach Rechner unterschiedlich; in den meisten Fällen 6 - 8 Stellen nach dem Komma. (Die nachfolgenden Beispiele und Aufgaben wurden mit einem Taschenrechner gerechnet, der π auf

10 Nachkommastellen genau enthält. Die Anzeige des Rechners weist davon allerdings nur 7 Stellen aus.) Hat man keinen Taschenrechner mit einer Funktionstaste für π, so reicht es für die meisten Anwendungen aus, wenn als Naherungswert mit $\pi \approx 3{,}14$ oder $\pi \approx \frac{22}{7}$ gerechnet wird.

B 11.6.3 *Ein Kreis mit dem Radius $r = 12$ cm hat die Fläche $F = \pi r^2 = \pi \cdot 12^2 = 452{,}4$ cm^2 und den Umfang $U = 2\pi r = 2 \cdot \pi \cdot 12 = 75{,}4$ m.*

Ü 11.6.4 *Berechnen Sie Fläche und Umfang eines Kreises mit dem Radius* **a)** *$r = 4$ cm und* **b)** *$r = 6{,}3$ m.*

Ü 11.6.5 a) *Ein Kreis hat eine Fläche von 120 cm^2. Wie groß ist der Radius?*
b) *Ein Kreis hat einen Umfang von 50 cm. Wie groß ist der Radius?*

D 11.6.6

Eine Gerade, die einen Kreis schneidet, heißt **Sekante.**
Die durch die beiden Schnittpunkte einer Sekante begrenzte Strecke heißt **Sehne.**
Eine Sehne durch den Mittelpunkt heißt **Durchmesser.**
Eine Gerade, die einen Kreis berührt, heißt **Tangente** an den Kreis (vgl. hierzu Figur 11.6.7a).
Kreise mit demselben Mittelpunkt heißen **konzentrische Kreise** (vgl. F 11.6.7b).

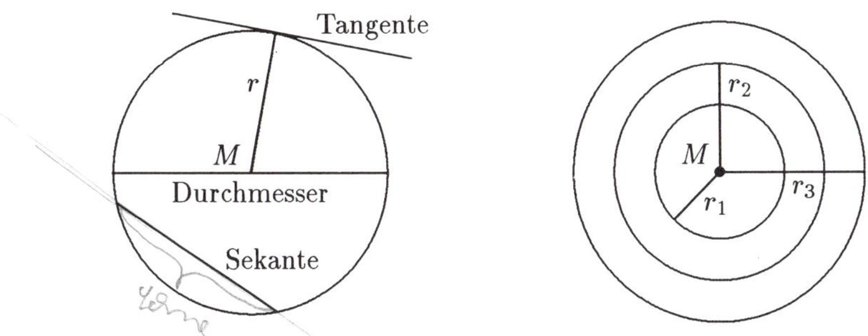

F 11.6.7 a) Kreis und Geraden **b)** konzentrische Kreise

Ü 11.6.8 a) *In eine quadratische Platte ($a = 2$ m) wird genau in der Mitte ein kreisrundes Loch mit einem Durchmesser von 50 cm gesägt. Wie groß ist die verbleibende Fläche?*

b) *Aus einer quadratischen Blechplatte* ($a = 1$ *m*) *soll eine möglichst große kreisförmige Scheibe geschnitten werden. Wie groß ist die Abfallfläche?*
c) *Aus einer quadratischen Blechplatte* ($a = 1$ *m*) *sollen 4 gleich große kreisförmige Scheiben geschnitten werden. Wie groß ist die Abfallfläche? (Vgl. das Ergebnis mit dem von Teil b)!)*
d) *Ein Sportplatz hat die Form eines Rechtecks* (120 *m lang und* 60 *m breit*) *an das an den kurzen Seiten je ein Halbkreis angefügt ist. Welche Fläche und welchen Umfang hat der Platz?*

D 11.6.9 Ein Kreis mit dem Radius 1 heißt **Einheitskreis.**

12 Grundzüge der Stereometrie

12.0 Vortest

Ü 12.0.1 *Berechnen Sie Oberfläche O und Volumen V eines Quaders mit den Maßen* $a = 4$ *cm*, $b = 5$ *cm*, $c = 2$ *cm.*

Ü 12.0.2 *Berechnen Sie Oberfläche O und Volumen V einer Kugel mit dem Radius* $r = 5$ *cm.*

Ü 12.0.3 *Berechnen Sie Oberfläche O und Volumen V eines Zylinders mit dem Radius* $r = 3$ *cm und der Höhe* $h = 25$ *cm.*

12.1 Grundbegriffe

D 12.1.1 Ein vollständig begrenzter Teil des Raumes heißt **Körper.** Die gesamte Begrenzungsfläche heißt **Oberfläche.** Die Oberfläche umschließt den **Rauminhalt** oder das **Volumen** des Körpers.

Körper, deren sämtliche Begrenzungsflächen eben sind, werden Ebenflächner oder **Polyeder** genannt. Bei einem **Krummflächner** ist wenigstens eine Begrenzungsfläche gekrümmt.

Zwei Ebenen sind im Raum zueinander parallel, wenn jeder Punkt der einen Ebene den gleichen Abstand zur anderen Ebene hat.
Körper können durch räumliche (dreidimensionale) Modelle dargestellt werden oder durch perspektivische Zeichnungen in der Ebene.

12.2 Quader und Würfel

D 12.2.1 Ein von sechs Rechtecken begrenzter Körper, bei dem je zwei gegenüberliegende Rechtecke gleich groß und parallel sind, heißt **Quader.**

Ein Quader entsteht durch Verschiebung eines Rechtecks senkrecht zu seiner Fläche. Die Figur 12.2.2 zeigt (perspektivisch) ein Beispiel. Ein Quader wird durch die Länge (a), die Breite (b) und die Höhe (c) bestimmt. Mit diesen Maßen können Oberfläche und Volumen bestimmt werden. Die Begrenzungsstrecken der Flächen heißen auch **Kanten** des Quaders.

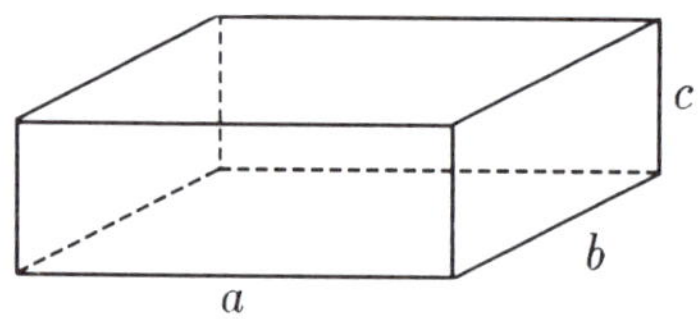

F 12.2.2 Quader

R 12.2.3 Ein **Quader** mit der Länge a, der Breite b und der Höhe c hat das **Volumen** $V = abc$ und die **Oberfläche** $O = 2ab + 2ac + 2bc$.

B 12.2.4 *Ein Quader mit den Abmessungen* $a = 20$ *cm*, $b = 12$ *cm und* $h = 8$ *cm hat eine Oberfläche von* $O = 2 \cdot 20 \cdot 12 + 2 \cdot 20 \cdot 8 + 2 \cdot 12 \cdot 8 = 992$ cm^2 *und ein Volumen von* $V = 20 \cdot 12 \cdot 8 = 1920$ cm^3.

Ü 12.2.5 *Berechnen Sie Volumen und Oberfläche der folgenden Quader.*
a) $a = 30$ *cm;* $b = 24$ *cm;* $c = 20$ *cm;* **b)** $a = 3$ *m;* $b = 2$ *m;* $c = 1$ *m.*

Ü 12.2.6 a) *Eine quaderförmige Baugrube ist* 2,3 *m tief,* 12 *m lang und* 8,4 *m breit. Wieviel* m^3 *Erde sind ausgehoben worden?*

b) *Ein Schwimmbecken hat innen die Maße* 18 *m* × 8 *m* × 1,8 *m. Wände und Boden sind aus* 20 *cm starkem Beton. Wieviel* m^3 *Beton sind verbaut worden?*

c) *Wieviel Fliesen von* 12*cm*×24*cm werden benötigt, um das Schwimmbad aus* **b)** *von innen zu verfliesen? (Für Verschnitt und Bruch ist ein Zuschlag von* 5% *zu rechnen.)*

d) *Das Schwimmbad aus* **b)** *wird mit* 200 m^3 *Wasser gefüllt. Wie hoch steht das Wasser?*

e) *Der Student Paul will in seinem Garten einen geraden Weg von* 24 *m Länge und* 0,8 *m Breite durch eine* 15 *cm hohe Kiesschüttung anlegen. Wieviel* m^3 *Kies benötigt er?*

D 12.2.7 Ein Quader, dessen sämtliche Flächen Quadrate sind, heißt **Würfel.**

Alle Kanten eines Würfels sind gleich lang. Zu seiner Beschreibung reicht die Angabe der Kantenlänge a aus.

R 12.2.8 Ein **Würfel** hat die **Oberfläche** $O = 6a^2$ und das **Volumen** $V = a^3$.

Ü 12.2.9 a) *Berechnen Sie Oberfläche und Volumen eines Würfels mit der Kantenlänge* $a = 3$ *cm.*
b) *Ein Würfel aus Marmor (mit der Dichte* 2,8 g/cm^3*) soll eine Masse von* 1 *kg haben. Wie groß ist die Kantenlänge?*
c) *Wieviel Würfel von* 5 *cm Kantenlänge muss man zusammenlegen, um einen Quader von* 55 *cm Länge,* 30 *cm Breite und* 20 *cm Höhe zu erhalten?*

12.3 Kugel und Zylinder

D 12.3.1 Durch Drehung eines Kreises um einen Durchmesser entsteht eine **Kugel.** Jeder Punkt auf der Oberfläche einer Kugel hat vom Kugelmittelpunkt M den gleichen Abstand r, den **Kugelradius.**

Eine Kugel ist durch ihren Radius eindeutig bestimmt. Durch die Angabe des Mittelpunktes wird zusätzlich ihre Lage bestimmt.

R 12.3.2 Eine **Kugel** mit dem Radius r hat die **Oberfläche** $O = 4\pi r^2$ und das **Volumen** $V = \frac{4}{3}\pi r^3$.

B 12.3.3 *Für eine Kugel mit* $r = 5$ *cm erhält man* $O = 4 \cdot \pi \cdot 5^2 = 314{,}159\ cm^2$ *und* $V = 523{,}599\ cm^3$.

Ü 12.3.4 a) *Bestimmen Sie Oberfläche und Volumen einer Kugel mit dem Radius* $r = 2$ *cm.*
b) *Welchen Radius hat eine Kugel aus Eisen (Dichte:* 7,6 g/cm^3*), die* 7,5 *kg wiegt?*
c) *Welche Oberfläche hat eine Kugel mit* $V = 1.000\ cm^3$. *(Berechnen Sie zum Vergleich die Oberfläche eines Würfels mit demselben Volumen!)*

d) *Aus einem Würfel mit einer Kantenlänge von $a = 10$ cm wird eine Kugel mit dem Radius $r = 5$ cm herausgeschnitten. Welches Volumen hat der Abfall?*

D 12.3.5 Durch Drehung eines Rechtecks um eine Seite entsteht ein **gerader Zylinder.**

Ein Zylinder hat drei Begrenzungsflächen (F 12.3.6). Grund- und Deckfläche des Zylinders sind Kreise mit dem Radius r. Den Zylindermantel kann man zu einem Rechteck mit den Seitenlängen h (Zylinderhöhe) und $2\pi r$ (Umfang des Kreises der Grund- bzw. Deckfläche) ausgerollt denken. Ein Zylinder wird durch Angabe von Radius r und Höhe h eindeutig bestimmt.

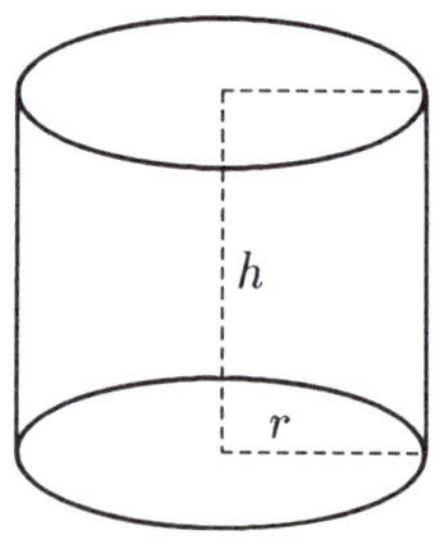

F 12.3.6 Zylinder

R 12.3.7 Ein **Zylinder** mit dem Radius r und der Höhe h hat die **Oberfläche** $O = 2\pi r^2 + 2\pi rh = 2\pi r(r + h)$ und das **Volumen** $V = \pi r^2 h$.

B 12.3.8 *Für einen Zylinder mit $r = 3$ cm und $h = 25$ cm ergibt sich $O = 2 \cdot \pi \cdot 3 \cdot (3 + 25) = 527{,}788$ cm^2 und $V = \pi \cdot 3^2 \cdot 25 = 706{,}858$ cm^3.*

Ü 12.3.9 a) *Berechnen Sie Oberfläche und Volumen eines Zylinders mit $r = 2$ und $h = 50$.*

b) *Wieviel kg wiegt ein Eisendraht, der 200 m lang ist und einen Durchmesser von 2 mm hat? (Dichte des Eisens: 7,8 g/cm^3).*

c) *Eisendraht von 1 mm Durchmesser wiegt 2 kg (Dichte 7,8 g/cm^3). Wieviel m lang ist der Draht?*

d) *1.000 m Kupferdraht (Dichte 8,8 g/cm^3) wiegen 5 kg. Wieviel mm beträgt der Durchmesser des Drahtes?*

e) *Wieviel wiegt ein 3 m langes Rohr aus Eisen (Dichte 7,8 g/cm^3) mit einem Innendurchmesser von 2 cm und 3 mm Wandstärke?*

12.4 Prismen, Pyramiden, Kegel und Kegelschnitte

D 12.4.1 Gegeben seien zwei kongruente, parallele n-Ecke. Ein Körper, dessen Kanten durch geradlinige Verbindung sich entsprechender Ecken der beiden n-Ecke entsteht, heißt **Prisma.**

Die Seitenflächen des Prismas bestehen aus Parallelogrammen. Würfel und Quader sind spezielle Prismen. Der Abstand der beiden n-Ecke ist die **Höhe** h des Prismas. Figur 12.4.2 zeigt ein Beispiel eines Prismas. Grund- und Deckfläche eines Prismas sind gleich groß. Wird diese Fläche mit F bezeichnet, so ergibt sich das Volumen V des Prismas aus $V = Fh$.

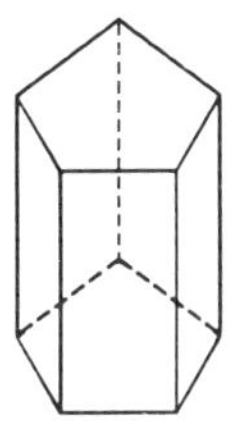

F 12.4.2 Prisma

D 12.4.3 Ein Körper, dessen Kanten durch geradlinige Verbindung aller Ecken eines n-Ecks mit einem nicht in der Ebene des n-Ecks liegenden Punkt S entsteht, heißt **Pyramide.** Der Punkt S heißt **Spitze** der Pyramide.

Die Seitenflächen der Pyramide bestehen aus Dreiecken. Dazu zeigt Figur 12.4.4 zwei Beispiele.

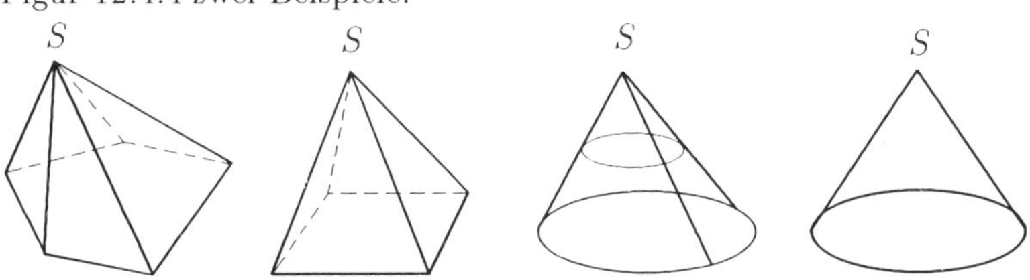

F 12.4.4 Pyramiden und Kegel

D 12.4.5 Werden alle Punkte eines Kreises mit einem nicht in der Ebene des Kreises liegenden Punkt geradlinig verbunden, so entsteht ein **Kegel.** Der Punkt S heißt **Spitze** des Kegels.

In Figur 12.4.4 sind zwei Beispiele dargestellt. Bei einem **geraden Kegel** liegt die Spitze senkrecht über dem Kreismittelpunkt. Ein gerader Kegel entsteht durch Drehung eines rechtwinkligen Dreiecks um eine Kathete.

Pyramide und Kegel sind **spitze Körper.** Der Abstand der **Spitze** von der Ebene, in der das n-Eck bzw. der Kreis (die Grundfläche des spitzen Körpers) liegt, heißt **Höhe** h. Ist F die Grundfläche eines spitzen Körpers, dann gilt für das Volumen $V = \frac{1}{3}Fh$.

Ü 12.4.6 a) *Die beiden parallelen Seiten eines Trapezes haben* 12 *cm Abstand und sind* 8 *bzw.* 15 *cm lang. Welches Volumen hat die Pyramide, die durch Verbindung der Ecken mit einem in* 15 *cm Abstand von der Ebene des Trapezes liegenden Punkt entsteht?*
b) *Welches Volumen hat ein Prisma, das durch zwei Achtecke mit der Fläche* $F = 243\ cm^2$ *und dem Abstand* 27 *cm entstanden ist?*
c) *Bestimmen Sie das Volumen eines Kegels, der durch Drehung eines rechtwinkligen Dreiecks um die Kathete mit der Länge* 8 *cm entsteht, wenn die andere Kathete* 4 *cm lang ist.*

Die Verbindungsstrecke der Spitze eines geraden Kegels mit dem Kreismittelpunkt ist die **Rotationsachse** des Kegels. Ein gerader Schnitt durch einen Kegel längs der Rotationsachse ergibt ein Dreieck. Figur 12.4.7 zeigt ein Beispiel.

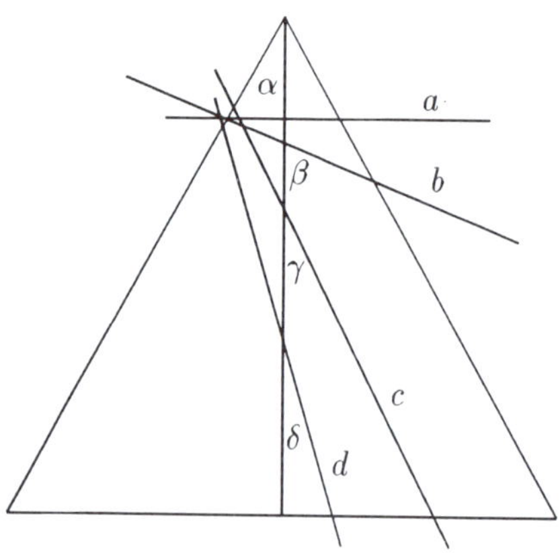

F 12.4.7 Kegelschnitte

Andere gerade Schnitte durch einen Kegel, wie sie in Figur 12.4.7 angedeutet sind, liefern bestimmte Figuren, die so genannten Kegelschnitte. Es gilt im Einzelnen Folgendes:

R 12.4.8

Gegeben sei ein **gerader Kegel**. Dann gilt:

- Ein Schnitt parallel zur Grundfläche ergibt einen **Kreis** (Schnitt a in Figur 12.4.7).
- Ein Schnitt im Winkel β zur Rotationsachse mit $\alpha < \beta \leq 90^o$ ergibt eine **Ellipse** (Schnitt b).
- Ein Schnitt im Winkel γ zur Rotationsachse mit $\gamma = \alpha$ ergibt eine **Parabel** (Schnitt c). Geht dieser Schnitt durch die Spitze, so ergibt sich als Grenzfall eine Gerade.
- Ein Schnitt im Winkel δ zur Rotationsachse mit $0 \leq \delta < \alpha$ ergibt eine **Hyperbel** (Schnitt d). Geht dieser Schnitt durch die Spitze, so ergibt sich als Grenzfall ein Paar sich schneidender Geraden.

Figur 12.4.9 zeigt Beispiele für die Kegelschnitte (ohne Kreis).

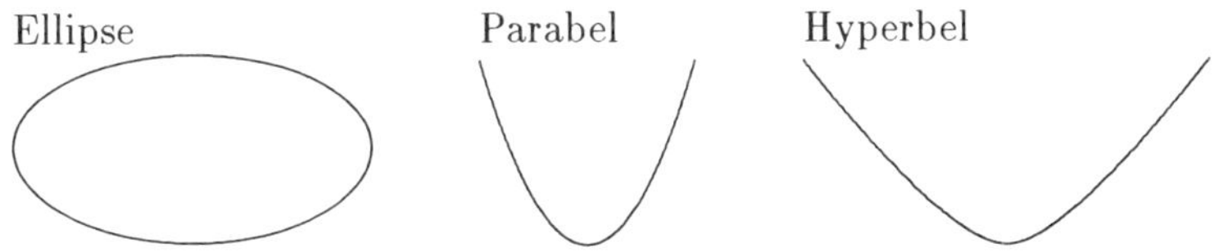

F 12.4.9 Kegelschnitte

12.5 Andere Körper

Es gibt eine Vielzahl anderer Körper, die im Rahmen der Stereometrie betrachtet werden. Dazu gehören Pyramidenstümpfe, Kegelstümpfe, Ellipsoide und andere. Bei den in Abschnitt 12.2 bis 12.4 behandelten Körpern können weitere Betrachtungen angestellt werden, wie z.B. die Bestimmung von Abschnitten und Ausschnitten einer Kugel. Einzelheiten dazu übersteigen den Rahmen dieses Vorkurses. Es wird dazu auf die ergänzende Literatur hingewiesen.

13 Trigonometrie

13.0 Vortest

Ü 13.0.1 *Ein rechtwinkliges Dreieck hat die Katheten a und b und die Hypotenuse c. Zwischen a und c liegt der Winkel α. Wie sind* $\sin\alpha$, $\cos\alpha$, $\tan\alpha$ *und* $\cot\alpha$ *definiert?*

13.1 Winkelfunktionen

Die so genannten Winkelfunktionen oder trigonometrischen Funktionen, die zur Untersuchung von Dreiecken und für andere mathematische Probleme benötigt werden, können auf zwei Arten eingeführt werden:

- am rechtwinkligen Dreieck oder
- am Einheitskreis (Kreis mit dem Radius 1).

In einem rechtwinkligen Dreieck wird die einem Winkel α, der nicht der rechte ist, anliegende Kathete als **Ankathete** und die gegenüberliegende als **Gegenkathete** bezeichnet.

D 13.1.1 In einem rechtwinkligen Dreieck ist

$$\sin\alpha = \frac{Gegenkathete}{Hypotenuse}; \quad \cos\alpha = \frac{Ankathete}{Hypotenuse};$$
$$\tan\alpha = \frac{Gegenkathete}{Ankathete}; \quad \cot\alpha = \frac{Ankathete}{Gegenkathete}.$$

(Lies: "sinus", "cosinus", "tangens" bzw. "cotangens".)

Für das Dreieck in Figur 13.1.2 ist also
$\sin\alpha = \frac{a}{c}, \cos\alpha = \frac{b}{c}, \tan\alpha = \frac{a}{b}, \cot\alpha = \frac{b}{a}$.

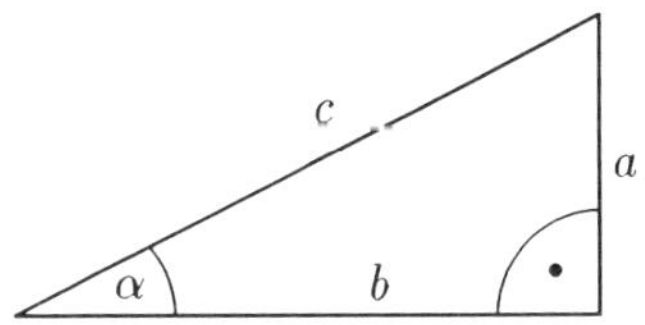

F 13.1.2 Rechtwinkliges Dreieck zur Bestimmung der Winkelfunktionen

Werden die trigonometrischen Funktionen am Einheitskreis (D 11.6.8) definiert, dann können sie, wie aus Figur 13.1.3 ersichtlich ist, aus einer Zeichnung unmittelbar abgelesen werden. Dazu zeichnet man den Einheitskreis in ein (x, y)-Koordinatensystem und zeichnet in den Schnittpunkten des Kreises mit dem positiven Teil von x- bzw. y-Achse die Tangenten an den Kreis (siehe F 13.1.3). Den Winkel α misst man von der x-Achse entgegen dem Uhrzeigersinn. Die (positive) x-Achse ist dann ein Schenkel des Winkels α. Der zweite Schenkel schneidet den Einheitskreis in P, die Tangente im Schnittpunkt von Einheitskreis und x-Achse in Q und die Tangente im Schnittpunkt von Einheitskreis und y-Achse in R (bzw. in P', Q' und R' in Figur 13.1.3b). Es gilt dann:

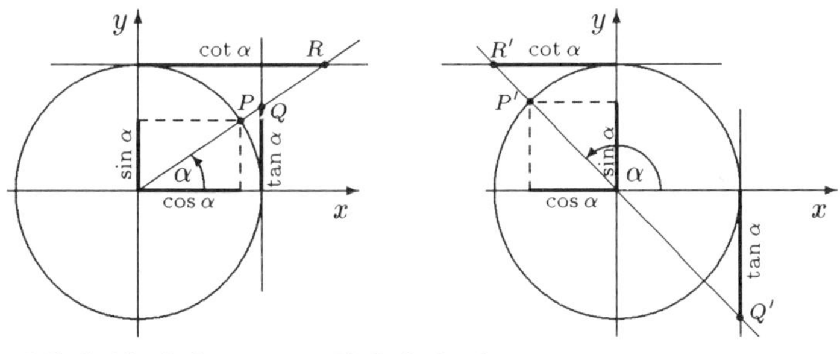

F 13.1.3 Winkelfunktionen am Einheitskreis

$\sin\alpha$ entspricht der y-Koordinate von P (bzw. P'),
$\cos\alpha$ entspricht der x-Koordinate von P (bzw. P'),
$\tan\alpha$ entspricht der y-Koordinate von Q (bzw. Q'),
$\cot\alpha$ entspricht der y-Koordinate von R (bzw. R').

Während nach D 13.1.1 die Winkelfunktionen nur für spitze Winkel definiert sind, da die beiden nicht rechten Winkel spitz sind, können sie über den Einheitskreis für beliebige Winkel eingeführt werden.

Da in einem rechtwinkligen Dreieck keine Kathete größer sein kann als die Hypotenuse, gilt:

$$|\sin\alpha| \leq 1 \text{ und } |\cos\alpha| \leq 1.$$

Ü 13.1.4 *In einem rechtwinkligen Dreieck sei a die Gegenkathete und b die Ankathete zu α und c die Hypotenuse.* **a)** *Berechnen Sie* $\sin\alpha$, $\cos\alpha$, $\tan\alpha$ *und* $\cot\alpha$ *für* $a = 3$, $b = 4$ *und* $c = 5$.
b) *Berechnen Sie a für* $\sin\alpha = 0{,}5$ *und* $c = 7$.

Zwischen den trigonometrischen Funktionen bestehen Beziehungen, die sich am rechtwinkligen Dreieck unter Verwendung der Definition der trigonometrischen Funktionen und des Lehrsatzes des Pythagoras nachweisen lassen.

B 13.1.5 *Es ist (vgl.* F 13.1.2) $a^2 + b^2 = c^2$ *(Pythagoras) oder* $b^2 = c^2 - a^2$. *Dann ist* $\cos^2\alpha = \frac{b^2}{c^2} = \frac{c^2-a^2}{c^2} = 1 - \frac{a^2}{c^2} = 1 - \sin^2\alpha$, *also* $\cos\alpha = \sqrt{1 - \sin^2\alpha}$.

Ü 13.1.6 *Drücken Sie unter Verwendung des Ergebnisses von* B 13.1.5 $\tan\alpha$ *und* $\cot\alpha$ *durch* $\sin\alpha$ *aus.*

13.2 Wichtige Regeln für Winkelfunktionen

Für die Winkelfunktionen gibt es eine Vielzahl von Regeln. Für die Herleitung dieser Beziehungen werden die Definitionen der Winkelfunktionen, der Satz des Pythagoras und andere Regeln benötigt. Einige wichtige Regeln und Beziehungen sind im Folgenden zusammengestellt:

R 13.2.1

a) $\sin^2\alpha + \cos^2\alpha = 1$
b) $\tan\alpha = \sin\alpha / \cos\alpha$
c) $\tan\alpha = 1/\cot\alpha$

Ü 13.2.2 *Leiten Sie die Beziehungen aus* R 13.2.1 *am rechtwinkligen Dreieck her* (F 13.1.2).

R 13.2.3

a)	$\sin(90^o \pm \alpha)$	$= \cos\alpha$,	$\sin(180^o \pm \alpha)$	$= \mp\sin\alpha$
b)	$\cos(90^o \pm \alpha)$	$= \mp\sin\alpha$,	$\cos(180^o \pm \alpha)$	$= -\cos\alpha$
c)	$\tan(90^o \pm \alpha)$	$= \mp\cot\alpha$,	$\tan(180^o \pm \alpha)$	$= \pm\tan\alpha$
d)	$\cot(90^o \pm \alpha)$	$= \mp\tan\alpha$,	$\cot(180^o \pm \alpha)$	$= \pm\cot\alpha$.

Ü 13.2.4 *Leiten Sie die Beziehungen aus* R 13.2.3a) *und* c) *für* $90° \pm \alpha$ *am Einheitskreis her* (*vgl. Figur* 13.1.3).

Die Strahlensätze ermöglichen eine einfache grafische Bestimmung von $\tan \alpha$ bei einem rechtwinkligen Dreieck. In Figur 13.2.5 gilt: $\tan \alpha = \frac{a}{b} = \frac{x}{1} = x$. Es wird also von dem zu α gehörigen Eckpunkt im Abstand 1 auf der Ankathete zu α eine Senkrechte errichtet. Die Strecke zwischen Hypotenuse und Ankathete auf dieser Senkrechten entspricht dann (s.o.) $\tan \alpha$.

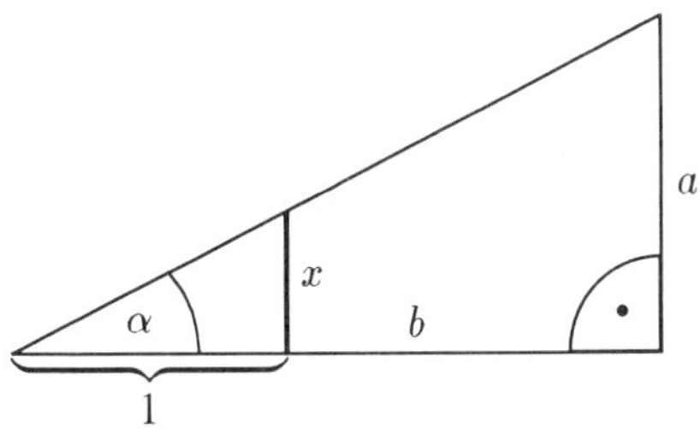

F 13.2.5 Grafische Bestimmung von $\tan \alpha$

Anhang A1: Lösungen der Übungsaufgaben

Lösungen zu Kapitel 1

1.0.1 Aussagen sind **b)** und **d)**.

1.0.2 **a)** ist wahr; **b)** und **c)** sind falsch.

1.0.3 Eine Aussageform ist ein Satz mit einer Variablen, der durch Einsetzen von Elementen aus einer Grundmenge für die Variable zu einer Aussage wird. Zur Lösungsmenge gehören alle Elemente der Grundmenge, für die die Aussage wahr ist.

1.0.4 $A \wedge B$ ist wahr, wenn sowohl A als auch B wahr ist (also beide); $A \vee B$ ist wahr, wenn wenigstens eine der beiden Aussagen wahr ist.

1.0.5 **a)** $A \Rightarrow B$; **b)** $A \Leftrightarrow B$; **c)** $B \Rightarrow A$.

1.1.2 Aussagen sind **b)**, **c)** und **e)**.

1.1.4 Wahr sind: **c)**, **e)**; falsch: **a)**, **b)**, **d)**.

1.1.11 **a)** Definitionsmenge: Alle ganzen oder alle rationalen Zahlen.
Lösungsmenge: -4, +4.
b) Definitionsmenge: Die Länder der Bundesrepublik.
Lösungsmenge: Schleswig-Holstein, Niedersachsen.

1.2.5 „inklusiv-oder": **c)**, **d)**; „exklusiv-oder": **a)**, **b)**.

1.2.10 **a)** $A \Leftrightarrow B$; **b)** $B \Rightarrow A$; **c)** $A \Rightarrow B$; **d)** $B \Rightarrow A$; **e)** $A \Leftrightarrow B$.

Lösungen zu Kapitel 3

3.0.1 $\emptyset$ *oder* $\{\}$.

3.0.2 $A = \{2, 3, 4, 5, 6, 7, 8\}$
$A = \{x \mid x \in \mathbb{N} \wedge 2 \leq x \leq 8\} = \{x \in \mathbb{N} \mid 2 \leq x \leq 8\}$.

3.0.3 $\wp(A) = \{\{1\}, \{2\}, \{3\}, \{1,2\}, \{1,3\}, \{2,3\}, A, \emptyset\}$.

3.0.4 **a)** $A \cap B = \{c, d, e\}$; **b)** $A \cap C = \emptyset$; **c)** $A \cup B = \{a, b, c, d, e, f\}$; **d)** $A \setminus B = \{a, b\}$; **e)** $B \setminus A = \{f\}$.

3.1.7 **a)** $G = \{x \mid (x \in \mathbb{N}) \wedge (4 \leq x \leq 9)\} = \{x \in \mathbb{N} \mid 4 \leq x \leq 9\}$;

b) $H = \{x \mid (x \in \mathbb{N}) \wedge (x \leq 10) \wedge (x \textit{ ist gerade})\}$
$= \{x \mid (x \in \mathbb{N}) \wedge (x \leq 10) \wedge ((x:2) \in \mathbb{N})\}$
$= \{x \in \mathbb{N} \mid (x \leq 10) \wedge ((x:2) \in \mathbb{N}\}$

c) $J = \{x \mid (x \in \mathbb{N}) \wedge (x < 10) \wedge (\sqrt{x} \in \mathbb{N})\}$
$= \{x \in \mathbb{N} \mid (\sqrt{x} \in \mathbb{N}) \wedge (\sqrt{x} \leq 3)\}$;

d) $K = \{x \mid (x \in \mathbb{N}) \wedge ((4 \leq x \leq 6) \vee (x \geq 10))\}$
$= \{x \in \mathbb{N} \mid (4 \leq x \leq 6) \vee (x \geq 10)\}$.

3.1.9 a) $D = \{3,4,5,6,7,8\}$; **b)** $E = \{1,2,3,4,5,12,13,14\}$;
c) $F = \{ä, ö, ü\}$.

3.1.10 a) $A = \{v, w, x, y, z\}$;
b) $B = \{1,2,3,4,5,6,7,8,9,10,11,12\}$
$= \{x \mid (x \in \mathbb{Z}) \wedge (1 \leq x \leq 12)\} = \{x \in \mathbb{Z} \mid 1 \leq x \leq 12\}$
c) $C = \{x \mid x \textit{ ist ein PKW vom Typ} \ldots\}$.

3.2.4 $B \subset C; D \subset A; D \subset C$.

3.2.8 $\wp(B) = \{\{1\}, \{*\}, \{a\}, \{1,*\}, \{*,a\}, \{1,*,a\}, \emptyset\}$;
$\wp(A) = \{\{x\}, \{y\}, \{z\}, \{u\}, \{x,y\}, \{x,z\}, \{x,u\}, \{y,z\}, \{y,u\}, \{z,u\},$
$\{x,y,z\}, \{x,y,u\}, \{x,z,u\}, \{y,z,u\}, \{x,y,z,u\}, \emptyset\}$.

3.3.3 a) $A \cap B = \{2,4,8\}$; **b)** $A \cap C = \{5,6,7,8\}$;
c) $B \cap D = \emptyset$; **d)** $B \cap C = \{8,12,16\}$.

3.3.8 a) $A \cup B = \{a,b,c,d,f\}$; **b)** $A \cup C = \{a,b,c,e\}$;
c) $B \cup C = \{a,b,c,d,e,f\}$.

3.3.11 a) $A \setminus B = \{b,c,d\}$; **b)** $B \setminus A = \{i,o,u\}$;
c) $A \setminus C = \{a,b,c,d,e\} = A$; **d)** $B \setminus C = \{a,e,i,o\}$.

3.3.15 a) $A \cap B = \{5,6\}$; **b)** $A \cap C = A$;
c) $C \setminus B = \{1,2,3,4\}$; **d)** $A \cup C = C$;
e) $\bar{B}_{\mathbb{N}} = \{1,2,3,4\}$; **f)** $B \setminus C = \{x \mid (x \in \mathbb{N}) \wedge (x > 10)\}$;
g) $B \cup C = \mathbb{N}$; **h)** $\bar{C}_{\mathbb{N}} = \{x \mid (x \in \mathbb{N}) \wedge (x > 10)\}$.

3.3.16 a) $E \cap F = \{d,e\}$; **b)** $E \cap K = \{b,c,d\}$; **c)** $F \cap K = \{d,f,g\}$.

3.3.17 a) $A \cup B = \{x \mid x \leq 6\}$; **b)** $B \cup C = \{x \mid x \leq 8\}$;
c) $B \cup D = \{x \mid x \textit{ ist eine ganze Zahl}\}$; **d)** $D \cup A = \{x \mid x \geq 1\}$.

3.3.18 a) $A \setminus B = \{1,2,6\}$; **b)** $B \setminus A = \{3,5\}$;
c) $C \setminus A = \{3,5,7,8,9,10\}$; **d)** $A \setminus C = \emptyset$.

3.3.19 a) $E \cup F = \{x \in \mathbb{N} \mid x \leq 10\}$;
b) $E \cup G = \{x \in \mathbb{N} \mid (x \leq 5) \vee (x > 10)\}$;
c) $\bar{F}_{\mathbb{N}} = \{x \in \mathbb{N} \mid (x < 3) \vee (x > 10)\}$;

d) $E \cap F = \{x \in \mathbb{N} \mid 3 \leq x \leq 5\}$;
e) $F \cap G = \emptyset$; **f)** $\bar{E}_{\mathbb{N}} = \{x \in \mathbb{N} \mid x > 5\}$; **g)** $E \setminus F = \{x \in \mathbb{N} \mid x \leq 2\}$;
h) $F \cup G = \{x \in \mathbb{N} \mid x \geq 3\}$; **j)** $F \setminus E = \{x \in \mathbb{N} \mid 6 \leq x \leq 10\}$.

Lösungen zu Kapitel 4

4.0.1 a) $2u$; **b)** $2x - 2y$.

4.0.2 a) $4bc(3g - 5a + 2d)$; **b)** $2(3u - v)(a + b)$; **c)** $(a + b)(x - y)$.

4.0.3 a) $6ac - 8bc$; **b)** $8ax - 12bx - 2ay + 3by$; **c)** $a^2 - b^2 - c^2 + 2bc$.

4.0.4 a) $3ax - 2y$; **b)** $3x - 2y$; **c)** $x + 2xy + y$.

4.0.5 a) $a^2 + 2ab + b^2$; **b)** $a^2 - 2ab + b^2$; **c)** $a^2 - b^2$.

4.0.6 a) $16b^2$; **b)** $25b^2$.

4.0.7 a) $1260 = 2 \cdot 2 \cdot 3 \cdot 3 \cdot 5 \cdot 7$; **b)** $11550 = 2 \cdot 3 \cdot 5 \cdot 5 \cdot 7 \cdot 11$.

4.0.8 g.g.T.: 30; k.g.V.: 2100. **4.0.9 a)** 0,625; **b)** $0{,}\overline{18}$.

4.0.10 a) $\frac{3+2b}{4+2c}$; **b)** $\frac{5z-4y}{3u-6v}$. **4.0.11 a)** $\frac{16}{63}$; **b)** $\frac{a^2+b^2}{ab}$. **4.0.12** $\frac{4b}{z}$.

4.2.5 a) $2a + 3b + c$; **b)** $d - 2e - f + 2g$;
c) $4a - 2b - 4a + 3b = b$; **d)** $5e + 3x + 3x - 4e = e + 6x$;
e) $2u - u + v - v = u$; **f)** $3a + b + a - 2b = 4a - b$.

4.2.7 a) $2x - 4y - (2x - x - 3y) = 2x - 4y - 2x + x + 3y = x - y$;
b) $g + (2f - g - 2f) = g + 2f - g - 2f = 0$;
c) $u - (v - (2u + u - v + v) - u) = u - (v - 2u - u + v - v - u)$
$= u - v + 2u + u - v + v + u = 5u - v$;
d) $a + b - (2a - b - a - b) = a + b - 2a + b + a + b = 3b$.

4.2.9 a) $x + (y + z + v)$; **b)** $u - (v + w - x)$; **c)** $x - (u - v - w)$;
d) $x -' y + (u - v) + z' = x - (y - (u - v) - z)$.

4.2.12 a) $ab - bc$; **b)** $-ux - vx$; **c)** $4ab - 6bc + 8bd$; **d)** $-8ux + uy$.

4.2.14 a) $5a(g + 4b + 3c)$; **b)** $7x(7z - 2u + 3y)$; **c)** $de(8f - 4g + 11a)$;
d) $6ac(1 - 2b + 6g - 3x)$.

4.2.17 a) $ux - 3vx + 2uy - 6vy$; **b)** $8ac - 10ad - 12bc + 15bd$;
c) $54au - 27ax + 36az + 24bu - 12bx + 16bz - 18cu + 9cx - 12cz$;
d) $12aux + 12bux + 8avx + 8bvx - 6auy - 6buy - 4avy - 4bvy$.

4.2.19 a) $32a^2 - 24ab + 24ab - 18b^2 = 32a^2 - 18b^2$;
b) $10u^2 - 6uv + 20uv - 12v^2 = 10u^2 + 14uv - 12v^2$;

c) $x^2 + xy - xz - xy - y^2 + yz + xz + yz - z^2 = x^2 - y^2 - z^2 + 2yz.$

4.2.21 a) $2a(4u - 3v) + b(4u - 3v) = (2a + b)(4u - 3v);$
b) $a(x - 2y) - 2b(x - 2y) = (a - 2b)(x - 2y);$
c) $3u(4v - y) + x(4v - y) = (3u + x)(4v - y);$
d) $2a(b + u - v) - 2c(b + u - v) = (2a - 2c)(b + u - v);$
e) $7a(2x + 2z - 3y) + 3b(2x - 3y + 2z) - c(2x - 3y + 2z)$
$= (7a + 3b - c)(2x - 3y + 2z).$

4.2.24 a) $4x - 2y$; **b)** $4u - 5v + 2y.$

4.2.26
a) $(3ax - 4ay + 3bx - 4by) : (a + b) = 3x + 4y;$

$$
\begin{array}{llll}
\underline{3ax} & & \underline{+3bx} & \\
 & -4ay & & -4by \\
 & \underline{-4ay} & & \underline{-4by}
\end{array}
$$

b) $(6u^2 - 4u^2v + 5uv + 2uv^2 - 4v^2) : (2u - v) = 3u - 2uv + 4v$

$$
\begin{array}{lllll}
\underline{6u^2} & \underline{-3uv} & & & \\
 & -4u^2v & +8uv & +2uv^2 & -4v^2 \\
 & \underline{-4u^2v} & & \underline{+2uv^2} & \\
 & & +8uv & & -4v^2 \\
 & & \underline{+8uv} & & \underline{-4v^2}
\end{array}
$$

c) $(18x^2 - 15x^2y + 10xy^2 - 8y^2) : (3x - 2y) = 6x - 5xy + 4y$

$$
\begin{array}{lllll}
\underline{18x^2 - 12xy} & & & & \\
 & -15x^2y & +12xy & +10xy^2 & -8y^2 \\
 & \underline{-15x^2y} & & \underline{+10xy^2} & \\
 & & +12xy & & -8y^2 \\
 & & \underline{+12xy} & & \underline{-8y^2}
\end{array}
$$

d) $(4x^2 - 3x^2y + 3xy^2 - 4xy + 5xz - 3xyz - yz + z^2) : (x - y + z)$
$= 4x - 3xy + z$

$$
\begin{array}{lllll}
\underline{4x^2} & \underline{-4xy + 4xz} & & & \\
 & -3x^2y + 3xy^2 & +xz & -3xyz & -yz + z^2 \\
 & \underline{-3x^2y + 3xy^2} & & \underline{-3xyz} & \\
 & & +xz & & -yz + z^2 \\
 & & \underline{+xz} & & \underline{-yz + z^2}
\end{array}
$$

4.2.27 a) $a + 2b$; **b)** $x - y$; **c)** $2u + 3v$; **d)** 0; **e)** $6c - 6a$; **f)** $-b$;
g) $8x - 3y$; **h)** 0; **j)** $4a - b$; **k)** $-x + y$.

4.2.28 a) $a + (c - d)$; **b)** $x - (u - v)$; **c)** $f - (e + d)$;
d) $a - (c + (d + e) + f)$.

4.2.29 a) $6au - 8cu$; **b)** $12dy + 18cy$; **c)** $5ax - 5ay$; **d)** $3xy + 3uy$.

4.2.30 a) $7x(4z - 2y + 5u)$; **b)** $12a(4bc - b + 3c)$; **c)** $9bc(1 + 3a + 2d)$;
d) $3uv(5w + 6 - 11x)$.

4.2.31 a) $8ax - 4bx - 12az + 6bz$; **b)** $ad - ae + bd - be + cd - ce$;
c) $12au - 10av + 16aw - 18bu + 15bv - 24bw + 24cu - 20cv + 32cw$;
d) $5abx + 5aby - 5abz - 6cx - 6cy + 6cz$; **e)** $8x^2 - 2xz - 15z^2$;
f) $15a^2 - 13ab + 2b^2$; **g)** $2u^2 + 6uv - 9uw - 8v^2 + 24vw - 18w^2$;
h) $54ax^2 - 18abx - 18axy + 6aby - 18bx^2 + 6b^2x + 6bxy - 2b^2y$;
j) $x^3 - 2x^2 - 5x + 6$; **k)** $6x^2 - 2x^2y - 6x - 4xy + 2xy^2 - 2y + 2y^2 - 12$.

4.2.32 a) $(2x - y)(u + 3v)$; **b)** $(5a + 3b)(2c + d)$; **c)** $(4a - 2c)(x - 3y)$;
d) $(a - d)(u - v + z)$; **e)** $(2a - 3b + c)(x - y)$; **f)** $(x - y + z)(u + v - w)$;
g) $(a - 2x)(b + 3u - y)$; **h)** $(b - a)(x - y)$; **j)** $(3x - 1)(z + 2y)$;
k) $(2cx - 1)(4ab - 1)$.

4.2.33 a) $4v - 6w + 2x$; **b)** $x + 7y$; **c)** $8b + 12d - 6x$.

4.2.34 a) $6u - 4v$; **b)** $3a - 2ab + 5b$; **c)** $6u - uv + 4v$;
d) $2a + 4b + 6c$; **e)** $4x - 3xy + 7y$; **f)** $2x - 3y$.

4.3.3 a) $16a^2 + 8ab + b^2$; **b)** $25x^2 - 20xz + 4z^2$; **c)** $4u^2 - 36v^2$;
d) $(a^2 - 2ab + b^2) + (b^2 - 2ab + a^2) = 2(a - b)^2$;
e) $(a^2 - 2ab + b^2) - (b^2 - 2ab + a^2) = 0$.

4.3.5 a) $(90 + 1)^2 = 8100 + 180 + 1 = 8281$;
b) $(40 + 3)^3 = 1600 + 240 + 9 = 1849$;
c) $(50 + 4)^2 = 2500 + 400 + 16 = 2916$;
d) $(30 - 2)^2 = 900 - 120 + 4 = 784$;
e) $(100 - 1)^2 = 10000 - 200 + 1 = 9801$;
f) $(50 - 2)^2 = 2500 - 200 + 4 = 2304$;
g) $(70 - 2)(70 + 2) = 4900 - 4 = 4896$;
h) $(90 - 1)(90 + 1) = 8100 - 1 = 8099$;
j) $(9 - 0{,}6)(9 + 0{,}6) = 81 - 0{,}36 = 80{,}64$;
k) $(90 - 9)(90 + 9) = 8100 - 81 = 8019$;
l) $(70 + 11)(70 - 11) = 4900 - 121 = 4779$;
m) $(3 - 1{,}1)(3 + 1{,}1) = 9 - 1{,}21 = 7{,}79$.

4.3.7 a) $(2a+7b)^2$; **b)** $(5x-2y)^2$; **c)** $(8a+2b)(8a-2b)$.

4.3.11 a) $4v^2, (5u+2v)^2$; **b)** $9u^2, (2z-3u)^2$; **c)** $z^2, (6y+z)^2$;
d) $b^2, (4a-b)^2$

4.3.13 a) $49y^2, 9x^2+42xy+49y^2-9y^2=(3x+7y)^2-9y^2$;
b) $9b^2, 4a^2-12ab+9b^2+b^2=(2a-3b)^2+b^2$;
c) $4b^2, 16a^2-16ab+4b^2-20b^2=(4a-2b)^2-20b^2$;
d) $4v^2, 25u^2-20uv+4v^2-8v^2=(5u-2v)^2-8v^2$.

4.3.14 a) $49x^2+42xy+9y^2$; **b)** $4u^2+32uv+64v^2$; **c)** $36a^2-24ab+4b^2$;
d) $u^2-8ux+16x^2$; **e)** $9u^2-16v^2$; **f)** $9a^2-16b^2$; **g)** $18y^2-12xy$.

4.3.15 a) $(80+2)^2=6724$; **b)** $(100+3)^2=10609$; **c)** $(50+1)^2=2601$;
d) $(70-2)^2=4624$; **e)** $(90-1)^2=7921$; **f)** $(80-3)^2=5929$;
g) $(80-3)(80+3)=6391$; **h)** $(60-8)(60+8)=3536$;
j) $(40-12)(40+12)=1456$; **k)** $(2-0{,}4)(2+0{,}4)=3{,}84$;
l) $(5+0{,}3)(5-0{,}3)=24{,}91$; **m)** $(7-1{,}2)(7+1{,}2)=47{,}56$.

4.3.16 a) $(3x+y)^2$; **b)** $(6a+4b)^2$; **c)** $(4x-2y)^2$; **d)** $(7u+9v)(7u-9v)$.

4.3.17 a) $9c^2, (5b+3c)^2$; **b)** $9y^2, (4x-3y)^2$; **c)** $49v^2, (2u-7v)^2$;
d) $4b^2, (7a+2b)^2$.

4.3.18 a) $y^2, (4x-y)^2-2y^2$; **b)** $36y^2, (x+6y)^2-16y^2$;
c) $16y^2, (2x-4y)^2-10y^2$; **d)** $4y^2, (5x+2y)^2+5y^2$.

4.4.6 a) $2\cdot2\cdot3\cdot3\cdot3\cdot5$; **b)** $2\cdot2\cdot2\cdot2\cdot2\cdot2$; **c)** $3\cdot5\cdot7$; **d)** $2\cdot2\cdot5\cdot11$;
e) $2\cdot2\cdot3\cdot7\cdot11\cdot19\cdot23$; **f)** $2\cdot2\cdot2\cdot2\cdot3\cdot3\cdot11\cdot11\cdot13$; **g)** $7\cdot13\cdot29\cdot29$.

4.4.12

a)
$$\begin{array}{lcl}
4680 &=& 2\cdot2\cdot2\cdot3\cdot3\cdot5\cdot13\\
126 &=& 2\cdot3\cdot3\cdot7\\ \hline
g.g.T.: && 2\cdot3\cdot3 = 18;
\end{array}$$

b)
$$\begin{array}{lcl}
1260 &=& 2\cdot2\cdot3\cdot3\cdot5\cdot7\\
2457 &=& 3\cdot3\cdot3\cdot7\cdot13\\ \hline
g.g.T.: && 3\cdot3\cdot7 = 63;
\end{array}$$

c)
$$\begin{array}{lcl}
8778 &=& 2\cdot3\cdot7\cdot11\cdot19\\
27720 &=& 2\cdot2\cdot2\cdot3\cdot3\cdot5\cdot7\cdot11\\ \hline
g.g.T.: && 2\cdot3\cdot7\cdot11 = 462;
\end{array}$$

d)
$$\begin{array}{lcl}
30030 &=& 2\cdot3\cdot5\cdot7\cdot11\cdot13\\
87780 &=& 2\cdot2\cdot3\cdot5\cdot7\cdot11\cdot19\\
7084 &=& 2\cdot2\cdot7\cdot11\cdot23\\ \hline
g.g.T.: && 2\cdot7\cdot11 = 154;
\end{array}$$

e)

$$\begin{array}{lllllll}
660 & = 2\cdot 2\cdot & & 3\cdot & & 5\cdot & 11 \\
360 & = 2\cdot 2\cdot 2\cdot & & 3\cdot 3\cdot & & 5 & \\
5040 & = 2\cdot 2\cdot 2\cdot 2\cdot & & 3\cdot 3\cdot & & 5\cdot 7 & \\
945 & = & & 3\cdot 3\cdot 3\cdot & & 5\cdot 7 & \\
\hline
g.g.T.: & & & 3\cdot & & 5 & = 15.
\end{array}$$

4.4.16 a)

$$\begin{array}{llllll}
180 & = 2\cdot 2\cdot & 3\cdot 3\cdot 5 & & \\
504 & = 2\cdot 2\cdot 2\cdot & 3\cdot 3\cdot & 7 & \\
\hline
k.g.V.: & 2\cdot 2\cdot 2\cdot & 3\cdot 3\cdot 5\cdot & 7 & = 2520;
\end{array}$$

b)

$$\begin{array}{llllll}
11088 & = 2\cdot 2\cdot 2\cdot 2\cdot & 3\cdot 3\cdot & 7\cdot 11 & & \\
41580 & = 2\cdot 2\cdot & 3\cdot 3\cdot 3\cdot 5\cdot & 7\cdot 11 & & \\
24570 & = 2\cdot & 3\cdot 3\cdot 3\cdot 5\cdot & 7\cdot & 13 & \\
\hline
k.g.V.: & 2\cdot 2\cdot 2\cdot 2\cdot & 3\cdot 3\cdot 3\cdot 5\cdot & 7\cdot 11\cdot & 13 & = 2162160;
\end{array}$$

c)

$$\begin{array}{llllll}
18 & = 2\cdot & 3\cdot 3 & & & \\
63 & = & 3\cdot 3\cdot & 7 & & \\
33 & = & 3\cdot & & 11 & \\
45 & = & 3\cdot 3\cdot 5 & & & \\
42 & = 2\cdot & 3\cdot & 7 & & \\
\hline
k.g.V.: & 2\cdot & 3\cdot 3\cdot 5\cdot & 7\cdot & 11 & = 6930.
\end{array}$$

4.4.18

a)

$$\begin{array}{lllllllll}
72abcf & = 2\cdot 2\cdot 2\cdot & 3\cdot 3\cdot & & a\cdot & b\cdot & c\cdot f & \\
45bcf & = & 3\cdot 3\cdot & 5\cdot & & b\cdot & c\cdot f & \\
108acf & = 2\cdot 2\cdot & 3\cdot 3\cdot 3\cdot & & a\cdot & & c\cdot f & \\
\hline
g.g.T.: & & 3\cdot 3\cdot & & & & c\cdot f & = 9cf \\
k.g.V.: & 2\cdot 2\cdot 2\cdot & 3\cdot 3\cdot 3\cdot & 5\cdot & a\cdot & b\cdot & c\cdot f & = 1080abcf
\end{array}$$

b)

$$\begin{array}{lllllll}
4(a+b)(c+d) & = 2\cdot 2\cdot & & (a+b)\cdot & (c+d) & & \\
12(a+b) & = 2\cdot 2\cdot & 3\cdot & (a+b) & & & \\
6(a+b)e & = 2\cdot & 3\cdot & (a+b)\cdot & & e & \\
\hline
g.g.T.: & 2\cdot & & (a+b) & & & = 2(a+b) \\
k.g.V.: & 2\cdot 2\cdot & 3\cdot & (a+b)\cdot & (c+d)\cdot & e & = 12(a+b)(c+d)e
\end{array}$$

c)

$$\begin{array}{llllll}
16abc+12abf & = 4ab(4c+3f) = & 2\cdot 2\cdot & a\cdot b\cdot & (4c+3f) & \\
20ac+15af & = 5a(4c+3f) = & 5\cdot & a\cdot & (4c+3f) & \\
\hline
g.g.T.: & & & a\cdot & (4c+3f) & = a(4c+3f) \\
k.g.V.: & & 2\cdot 2\cdot 5\cdot & a\cdot b\cdot & (4c+3f) & = 20ab(4c+3f)
\end{array}$$

4.4.19 a)

$$\begin{array}{llllll}
60 & = 2\cdot 2\cdot & 3\cdot & 5 & & \\
504 & = 2\cdot 2\cdot 2\cdot & 3\cdot 3\cdot & & 7 & \\
\hline
g.g.T.: & 2\cdot 2\cdot & 3\cdot & & & = 12;
\end{array}$$

b)

$$\begin{array}{llllll}
44100 & = 2\cdot 2\cdot & 3\cdot 3\cdot 5\cdot 5\cdot & 7\cdot 7 & & \\
3003 & = & 3\cdot & 7\cdot & 11\cdot 13 & \\
\hline
g.g.T.: & & 3\cdot & 7 & & = 21;
\end{array}$$

c)
$$\begin{array}{lllllllll}
9240 & = 2\cdot 2\cdot 2\cdot & 3\cdot & 5\cdot & 7\cdot & 11 & & & \\
30030 & = 2\cdot & 3\cdot & 5\cdot & 7\cdot & 11\cdot & 13 & & \\
14630 & = 2\cdot & & 5\cdot & 7\cdot & 11\cdot & & 19 & \\
462 & = 2\cdot & 3\cdot & & 7\cdot & 11 & & & \\
\hline
g.g.T.: & 2\cdot & & & 7\cdot & 11 & & & = 154;
\end{array}$$

d)
$$\begin{array}{llllllll}
12012 & = 2\cdot 2\cdot & 3\cdot & & 7\cdot & 11\cdot 13 & & \\
138138 & = 2\cdot & 3\cdot & & 7\cdot & 11\cdot 13 & \cdot 23 & \\
10725 & = & 3\cdot & 5\cdot 5\cdot & & 11\cdot 13 & & \\
\hline
g.g.T.: & & 3\cdot & & & 11\cdot 13 & & = 429;
\end{array}$$

4.4.20 a)
$$\begin{array}{llllll}
24 & = 2\cdot 2\cdot 2\cdot & 3 & & & \\
42 & = 2\cdot & 3\cdot & & 7 & \\
15 & = & 3\cdot & 5 & & \\
\hline
k.g.V.: & 2\cdot 2\cdot 2\cdot & 3\cdot & 5\cdot & 7 & = 840;
\end{array}$$

b)
$$\begin{array}{lllllllll}
13860 & = 2\cdot 2\cdot & 3\cdot 3\cdot & & 5\cdot 7\cdot & 11 & & & \\
8190 & = 2\cdot & 3\cdot 3\cdot & & 5\cdot 7\cdot & & 13 & & \\
4590 & = 2\cdot & 3\cdot 3\cdot & 3\cdot & 5\cdot & & & 17 & \\
\hline
k.g.V.: & 2\cdot 2\cdot & 3\cdot 3\cdot & 3\cdot & 5\cdot 7\cdot & 11\cdot & 13\cdot & 17 & = 9189180;
\end{array}$$

c)
$$\begin{array}{llllll}
12600 & = 2\cdot 2\cdot 2\cdot & 3\cdot 3\cdot & 5\cdot 5\cdot & 7 & \\
900 & = 2\cdot 2\cdot & 3\cdot 3\cdot & 5\cdot 5 & & \\
2520 & = 2\cdot 2\cdot 2\cdot & 3\cdot 3\cdot & 5\cdot & 7 & \\
1400 & = 2\cdot 2\cdot 2\cdot & & 5\cdot 5\cdot & 7 & \\
1575 & = & 3\cdot 3\cdot & 5\cdot 5\cdot & 7 & \\
2100 & = 2\cdot 2\cdot & 3\cdot & 5\cdot 5\cdot & 7 & \\
\hline
k.g.V.: & 2\cdot 2\cdot 2\cdot & 3\cdot 3\cdot & 5\cdot 5\cdot & 7 & = 12600.
\end{array}$$

4.4.21 a)
$$\begin{array}{lllllllll}
25uvwx & = & 5\cdot 5\cdot & & u\cdot & v\cdot & w\cdot & x & \\
15uvx & = 3\cdot & 5\cdot & & u\cdot & v\cdot & & x & \\
35vwx & = & 5\cdot & 7\cdot & & v\cdot & w\cdot & x & \\
\hline
g.g.T.: & & 5\cdot & & & v\cdot & & x & = 5vx \\
k.g.V.: & 3\cdot & 5\cdot 5\cdot & 7\cdot & u\cdot & v\cdot & w\cdot & x & = 525uvwx;
\end{array}$$

b)
$$\begin{array}{llllll}
24(a+c)d & = 2\cdot 2\cdot 2\cdot & 3\cdot & (a+c)\cdot & & d \\
36(a+c)(b+e)d & = 2\cdot 2\cdot & 3\cdot 3\cdot & (a+c)\cdot & (b+e)\cdot & d \\
9(a+c)d & = & 3\cdot 3\cdot & (a+c)\cdot & & d \\
\hline
g.g.T.: & & 3\cdot & (a+c)\cdot & & d = 3(a+c)d \\
k.g.V.: & 2\cdot 2\cdot 2\cdot & 3\cdot 3\cdot & (a+c)\cdot & (b+e)\cdot & d = 72(a+c)(b+e)d;
\end{array}$$

c)
$$\begin{array}{lllll}
8xyz+12xy & = 4xy(2z+3) = & 2\cdot 2\cdot & & x\cdot y\cdot (2z+3) \\
16uxyz+24uxy & = 8uxy(2z+3) = & 2\cdot 2\cdot 2\cdot & u\cdot & x\cdot y\cdot (2z+3) \\
\hline
g.g.T.: & & 2\cdot 2\cdot & & x\cdot y\cdot (2z+3) = 4xy(2z+3) \\
k.g.V.: & & 2\cdot 2\cdot 2\cdot & u\cdot & x\cdot y\cdot (2z+3) = 8uxy(2z+3).
\end{array}$$

4.5.2 a) $0{,}875$; **b)** $0{,}5625$; **c)** $0{,}\overline{36}$; **d)** $0{,}7\overline{3}$; **e)** $0{,}\overline{692307}$; **f)** $0{,}\overline{5}$.

4.5.5 a) $\frac{5}{12}$; **b)** $\frac{2}{7}$; **c)** $\frac{3}{5}$; **d)** $\frac{4u}{y}$; **e)** $\frac{3d}{4}$; **f)** $\frac{4x}{3y}$.

4.5.8 a) $\frac{z-3}{2-4z}$; **b)** $\frac{2bc-x}{5c-4x}$; **c)** $\frac{7u}{2a}$; **d)** $\frac{5cd-3u+6}{4z-6x}$; **e)** $\frac{x-y}{x+y}$; **f)** $-\frac{7}{5}$; **g)** $\frac{1}{2}$; **h)** $-\frac{3u}{4a}$.

4.5.10 a) $\frac{3(a-b)}{4}$; **b)** $\frac{2a-5c}{b}$; **c)** $\frac{4x-3z}{3}$; **d)** $\frac{5u+7v}{5u-7v}$; **e)** $\frac{x}{a+2b}$; **f)** $\frac{2xz-3yz}{10x+15y}$.

4.5.15 a) $\frac{12}{90}+\frac{40}{90}-\frac{15}{90}=\frac{37}{90}$; **b)** $\frac{50}{280}+\frac{105}{280}+\frac{72}{280}=\frac{227}{280}$; **c)** $\frac{35}{120}+\frac{14}{120}+\frac{16}{120}=\frac{65}{120}=\frac{13}{24}$; **d)** $\frac{xz-yz}{xyz}+\frac{xy+zy}{xyz}-\frac{xy-xz}{xyz}=\frac{2}{y}$; **e)** $\frac{x^2}{xy}+\frac{y^2}{xy}=\frac{x^2+y^2}{xy}$; **f)** $\frac{-49b-14a^2+42ab+16a}{14ab}$; **g)** $\frac{2x+21y}{4x^2-9y^2}$; **h)** $\frac{-12v^2+21v}{(u-7v)^2}$; **j)** $\frac{3a^2+4ab+3b^2}{6(4a^2-9b^2)}$.

4.5.21 a) $\frac{16}{5}$; **b)** $\frac{12}{35}$; **c)** $\frac{9y^2}{10a^2}$; **d)** $\frac{a-2b}{4a}$.

4.5.23 a) $\frac{3}{5}$; **b)** $b-a$; **c)** $\frac{xy}{x+y}$; **d)** $\frac{u-v}{v-1}$; **e)** $\frac{1}{x}$.

4.5.24 a) $\frac{1}{3}$; **b)** $\frac{5}{14}$; **c)** $\frac{8}{3}$; **d)** $\frac{17bx}{3cy}$; **e)** $\frac{5c}{7b}$.

4.5.25 a) $\frac{9x-3y}{5b-2c}$; **b)** $\frac{c-2d}{3e-2d}$; **c)** $\frac{4z-5a+8ab}{3u+6v+2cd}$; **d)** $\frac{a-b}{a+b}$; **e)** $\frac{3b-v}{4b+w}$; **f)** $\frac{2x-3y+z}{4u+v-w}$.

4.5.26 a) $\frac{7a-c}{2}$; **b)** $\frac{14u-21v}{6u+9v}$; **c)** $3x-5v$; **d)** $c+2$; **e)** $\frac{3u-1}{3u+1}$; **f)** $\frac{d}{3a-2b}$; **g)** $\frac{x}{x-1}$; **h)** $\frac{x^2-y^2}{2x-3y}$.

4.5.27 a) $\frac{25}{30}+\frac{8}{30}-\frac{3}{30}=1$; **b)** $\frac{31}{84}$; **c)** $\frac{b^2-a^2}{ab}$; **d)** $\frac{a^2-2ab+b^2}{ab}=\frac{(a-b)^2}{ab}$; **e)** $\frac{uw-vw}{uvw}-\frac{uv-vw}{uvw}+\frac{uv-uw}{uvw}=0$; **f)** $\frac{b^2-3ab}{a^2-b^2}$; **g)** $\frac{6ab+c+2}{6ab(c+2)}$; **h)** $\frac{-v^2}{2(2u-5v)^2}$; **j)** $\frac{-21x+22}{2(x-1)(3x-4)}$; **k)** $\frac{abc+acd+abd+bcd}{abcd}$; **l)** $\frac{-x^2+2x}{60(x^2-4)}=\frac{x}{60(x+2)}$.

4.5.28 a) $\frac{3}{4}$; **b)** $\frac{7}{6}$; **c)** $\frac{16c^2}{3b^2}$; **d)** $\frac{3}{2}$; **e)** $\frac{2(u+2v)^2}{u+v}$.

4.5.29 a) $\frac{x}{x-y}$; **b)** $\frac{a}{a+b}$; **c)** $\frac{2}{a+b}$.

Lösungen zu Kapitel 5

5.0.1 a) $x^{13}y^7z^{11}$; **b)** x^{18}; **c)** x^4y^2. **5.0.2 a)** $\frac{x^8z^5}{y^{10}}$; **b)** x^9.

5.0.3 a) $x^{\frac{1}{2}}$; **b)** $x^{\frac{9}{4}}$. **5.0.4 a)** $\sqrt[3]{x^2}$; **b)** $\sqrt[9]{x}$.

5.0.5 a) $x^{-\frac{7}{6}}y^{\frac{7}{20}}=\frac{y^{\frac{7}{20}}}{x^{\frac{7}{6}}}=\frac{\sqrt[20]{y^7}}{\sqrt[6]{x^7}}$; **b)** $\sqrt[3]{x^2}$.

5.2.7 a) $6x^{13}y^5z^6$; **b)** $4xy^2$; **c)** $5c^7$; **d)** $4u^{-2}v^{-2}$.

5.2.8 a) $a^9-a^5b+a^4b^2-b^3$; **b)** $u^8-u^8v^4-3u^5+3u^5v^4+6u^3v^4-6u^3v^8$; **c)** a^4-b^4; **d)** $x^{-2}+x^{-6}y^5$; **e)** $y^{2n}-x^{2-n}y^n$.

5.2.9 a) x^{12}; **b)** $\frac{-125x^{12}}{8y^6}$; **c)** $\frac{u^{10}v^{-15}}{16w^8}$; **d)** $\frac{a^4-2a^2b^2+b^4}{c^{-4}}$.

5.2.10 a) $\frac{x^5z^3}{y^4}$; **b)** $\frac{x^4y^n}{x^ny}$; **c)** $\frac{1}{a^{15}}$; **d)** b^c; **e)** x^6; **f)** $\frac{1}{x}$.

5.2.11 a) $\frac{x}{3y}$; **b)** $\frac{a^2+b^2}{3a^3b^2+5ab}$; **c)** $\frac{x^4-2x^2y+y^2}{x^6y^2+x^4y^4}$; **d)** $\frac{1}{ac^2+ad^2}$; **e)** $\frac{de}{3c}$.

5.2.12 a) ab^{-1}; **b)** $12x^{-1}z^5$; **c)** $3xy^{-1}$; **d)** a^6-b^6; **e)** $a^7b^4c-a^9b^8c$; **f)** $bc^{-2}d^2-a^2b^{-2}c^2d$; **g)** $a^{2n}-a^{5-n}$; **h)** $a^2b^2+a^{n+2}$.

5.2.13 a) x^6; **b)** $16a^{20}$; **c)** $-b^{30}$; **d)** $x^{18}y^6z^{-15}$; **e)** $a^8b^{-12}c^8$; **f)** $a^{-9}b^6c^{18}$; **g)** $x^{-2n-2}y^{2n+2}z^{-3n-3}$; **h)** $-16x^8y^{-16}z^{-15}$.

5.2.14 a) $\frac{x^7}{y^8z^2}$; **b)** $\frac{a^7d^4}{b^2c^3}$; **c)** a^{mn}; **d)** $\frac{x^6}{y^2}$; **e)** $\frac{x^ny^m}{x^my^n}$; **f)** $\frac{1}{u^3}$.

5.2.15 a) $\frac{x^3-xy^2}{1+xz}$; **b)** $\frac{v^2w^5}{u}$; **c)** $\frac{x^6}{y^{14}}$; **d)** $\frac{2x^4-3y^3}{2z}$; **e)** $\frac{x-3y}{x^2y+xy^2}$; **f)** $\frac{b+a^2}{a^5b^3+1}$.

5.4.2 a) $x^{\frac{7}{5}}$; **b)** $x^{\frac{7}{5}}$; **c)** $x^2y^3z^{\frac{2}{3}}$; **d)** $a^{\frac{2}{5}}b^{\frac{4}{15}}$; **e)** $a^{\frac{1}{8}}$; **f)** $a^{\frac{7}{8}}$; **g)** $a^{-\frac{1}{3}}b^{-\frac{1}{3}}$; **h)** $x^2y^3z^{-6}$.

5.4.3 a) $\sqrt[7]{a^2}=(\sqrt[7]{a})^2$; **b)** $\sqrt[3]{x^5}=(\sqrt[3]{x})^5$; **c)** $\sqrt{b}$; **d)** $\frac{1}{\sqrt[3]{y^2}}$; **e)** $\sqrt{\frac{c}{d^3}}$.

5.4.4 a) $x^{\frac{19}{15}}y^{\frac{7}{15}}z^{\frac{22}{15}}$; **b)** x; **c)** $\frac{ab^2}{c^3}$; **d)** $\frac{1}{a+2b}$; **e)** $\sqrt{x}$.

5.4.5 a) $\sqrt{a^3}$; **b)** $\sqrt[3]{8x^3y}$; **c)** $\sqrt[3]{x^4y^2}$;
d) $\sqrt{(\sqrt{5}-\sqrt{4})^2(\sqrt{5}+\sqrt{4})}=\sqrt{(\sqrt{5}-\sqrt{4})(\sqrt{5}-\sqrt{4})(\sqrt{5}+\sqrt{4})}$
$=\sqrt{(\sqrt{5}-\sqrt{4})(\sqrt{5}^2-\sqrt{4}^2)}=\sqrt{\sqrt{5}-2}$.

5.4.7 a) $\frac{a^{\frac{2}{3}}}{a}$; **b)** $3\sqrt{3}$; **c)** $\frac{xy^{\frac{3}{n}}}{y}$; **d)** $\frac{\sqrt{x}+\sqrt{y}}{x-y}$.

5.4.9 a) $\sqrt{\frac{9}{16}-\frac{8}{16}}=\frac{1}{4}$; **b)** $\sqrt{16}=4$; **c)** $\frac{1}{2}$; **d)** 2; **e)** 2.

5.4.10 a) $a^{\frac{3}{2}}$; **b)** $b^{\frac{5}{2}}$; **c)** ab^4c^2; **d)** $a^{\frac{1}{24}}$: **e)** $a^{\frac{1}{15}}b^{\frac{2}{3}}$; **f)** $a^{\frac{1}{2}}b^{\frac{1}{8}}c^{\frac{1}{4}}$.

5.4.11 a) $\sqrt[8]{b^9}$; **b)** $\frac{1}{\sqrt[7]{c^3}}$; **c)** $\sqrt[4]{a^3}\cdot\sqrt[3]{b^4}$; **d)** $\sqrt[3]{\sqrt[3]{a^2}\cdot x^5}$; **e)** $\sqrt[3]{\sqrt{a}}\cdot\sqrt[3]{a}=\sqrt{a}$.

5.4.12 a) $\sqrt[12]{a^2b}$; **b)** $\sqrt[15]{\frac{y^2}{x^{14}z^2}}$; **c)** $\sqrt[m]{y^n}$; **d)** $\sqrt{\frac{a+3b}{a-3b}}$; **e)** $\frac{1}{x}$.

5.4.13 a) $\sqrt{x^2y}$; **b)** $\sqrt[6]{b^2c^3}$; **c)** $\sqrt[5]{243a^6}$;

d) $\sqrt[15]{(\sqrt{3})^5 \cdot (\sqrt{3})^3} = \sqrt[15]{3^4} = \sqrt[15]{81}$; **e)** $\sqrt[3]{\frac{1}{x^5yz^3}}$.

5.4.14 a) $\frac{\sqrt{a^3}}{a^3}$; **b)** $\frac{\sqrt[3]{xy}}{x}$; **c)** $\sqrt{x}-\sqrt{2}$; **d)** $\frac{\sqrt[n]{y^2}}{y^2}$.

5.4.15 a) 8; **b)** 2; **c)** $\frac{9}{2}$; **d)** $\frac{1}{8}$.

Lösungen zu Kapitel 6

6.0.1 a) 3; **b)** 3.

6.0.2 a) $x = 32$; **b)** $x = 81$

6.0.3 a) $\log x + \log y - \log z$; **b)** $\frac{2}{3}\log x$.

6.0.4 a) $\log \frac{u}{v}$; **b)** $\log \frac{\sqrt{x^3}\sqrt[4]{y}}{\sqrt[5]{z^2}}$.

6.1.4 a) 4; **b)** 7; **c)** 3; **d)** 4; **e)** 2; **f)** 3; **g)** 4.

6.1.8 a) $\log_7 16807 = 5$; b) $\log_3 6561 = 8$; c) $\log_6 279936 = 7$; d) $\log 2 = 0{,}30103$; e) $\log_{16} 4 = \frac{1}{2}$; f) $\log_{27} 3 = \frac{1}{3}$.

6.1.9 a) $x = 5$; **b)** $x = 5$; **c)** $x = 2$; **d)** $x = 256$; **e)** $x = 27$; **f)** $x = 343$.

6.2.6 a) $\log a + \log b + \log c - \log d - \log e$; **b)** $\frac{2}{5}\log a$;
c) $2\log x + \frac{1}{2}\log y - 4\log z$; **d)** $4\log(a+b) + 3\log c - \frac{1}{2}\log d - 5\log e$;
e) $2\log x + \frac{1}{2}\log(a^2+b^3)$; **f)** 4; **g)** $\frac{1}{5} + \frac{1}{5}\log_a b - \log_a c$.

6.2.7 a) $\log \frac{bc}{d}$; **b)** $\log(a^3b^4)$; **c)** $\log \frac{\sqrt{x}}{y^2}$; **d)** $\log \frac{u^4\sqrt[3]{v}}{\sqrt[6]{w}\sqrt[4]{x^3}}$.

6.2.8 a) $\log \frac{1}{x} = \log \frac{1}{3} \Rightarrow x = 3$; **b)** $\log x = \log((\frac{u}{v})^{3/2}) \Rightarrow x = (\frac{u}{v})^{3/2}$;
c) $\log x = \log \frac{5}{2} \Rightarrow x = \frac{5}{2}$;
d) $\log x = \frac{2}{3}\log b - \frac{3}{2}\log a \Rightarrow \log x = \log \frac{b^{2/3}}{a^{3/2}} \Rightarrow x = \frac{b^{2/3}}{a^{3/2}}$.

6.2.10 a) $a^{y\log_a x}$; **b)** $v^{2\log_v u}$; **c)** $e^{\ln x}$; **d)** $e^{x\ln x}$; **e)** $e^{4\ln x}$; **f)** $e^{\frac{1}{2}\ln x}$;
g) $e^{x\ln a}$; **h)** $e^{(x^2-x)\ln a}$.

6.2.11 a) $\log u + \log v - \log w - \log y$; **b)** $2\log a + 3\log b - 4\log c - \log d$;
c) $\frac{1}{2}\log a + \frac{1}{3}\log b - \frac{1}{4}\log c$; **d)** $\frac{2}{3}\log a + \frac{5}{4}\log b - \frac{1}{2}\log c - \frac{1}{2}\log d$;
e) $\log(a+b) - \frac{1}{2}\log(a^2+b^5)$; **f)** $x^y\log a$; **g)** 4; **h)** $\frac{1}{2} - \log_u v$.

6.2.12 a) $\log \frac{x^2z^6}{y^3}$; **b)** $\log \frac{\sqrt[5]{a}}{\sqrt[3]{b^2}}$; **c)** $\log \sqrt[7]{\frac{x^2y^3}{z^5}}$; **d)** $\log \frac{x^a}{y^b}$; **e)** $\log(x^{u-1}\sqrt[m]{z})$.

6.2.13 a) $b^{a\log_b x}$; **b)** $w^{v\log_w u}$; **c)** $e^{7\ln x}$; **d)** $e^{\frac{1}{3}\ln x}$; **e)** $e^{-\ln x}$; **f)** $e^{-\frac{1}{2}\ln x}$.

6.2.14 a) $x = 3$; **b)** $x = -3$; **c)** $x = -5$; **d)** $x = \frac{1}{8}$; **e)** $x = \sqrt{5}$.

Lösungen zu Kapitel 7

7.0.1 $\frac{7}{4}$. **7.0.2 a)** In 2 Jahren ; **b)** 6 Tage .

7.0.3 4,50m. **7.0.4 a)** $x = 81$; **b)** nicht lösbar .

7.0.5 a) EURO 180,–; **b)** 800 Mitglieder ; **c)** 21,8%.

7.0.6 a) EURO 377,–; **b)** 8,5%.

7.0.7 a) $x = 2{,}924$; **b)** $x = 3$; **c)** $x = 9{,}006$.

7.3.2 a) $x = 5$; **b)** $x = 9$; **c)** $x = \frac{1}{7}$; **d)** $x = 5$; **e)** $x = -3$.

7.3.5 a) $x = -1$; **b)** $x = 4$; **c)** $x = \frac{7}{6}$; **d)** $x = 1$; **e)** $x = -\frac{14}{3}$.

7.3.7 a) $x = \frac{11}{3}$; **b)** $x = -11$.

7.3.8 a) $x = 13$; **b)** $x = 0$; **c)** $x = \frac{3}{5}$; **d)** $x = -4$; **e)** $x = \frac{1}{2}$.

7.3.9

a) $x = 5$;	**b)** $x = 3$;	**c)** $x = -2$;	**d)** $x = \frac{5}{3}$;	**e)** $x = -\frac{5}{3}$;
f) $x = 11$;	**g)** $x = 2$;	**h)** $x = 1{,}5$;	**j)** $x = \frac{13}{6}$;	**k)** $x = -1{,}5$.

7.3.10

a) $x = 5$;	**b)** $x = 3$;	**c)** $x = -1$;	**d)** $x = \frac{7}{11}$;	**e)** $x = -\frac{5}{2}$;
f) $x = 5$;	**g)** $x = -1$;	**h)** $x = 2$;	**j)** $x = \frac{8}{9}$;	**k)** $x = \frac{1}{4}$.

7.4.4 a) $2(24 - x) = 45 - x; x = 3$. Vor 3 Jahren.

b) $3(3 + x) = 27 + x, x = 9$. In 9 Jahren.

c) Breite von Pauls Grundstück x, Länge $x + 12$.
Breite von Ottos Grundstück $x - 4$, Länge $x + 12 + 8 = x + 20$
$x(x + 12) = (x - 4)(x + 20); x = 20m$
Paul $20 \cdot 32 = 640$, Otto $16 \cdot 40 = 640$.

d) $x^2 = (x - 5)(x + 10); x = 10$. Das Quadrat hat die Seitenlänge 10.

e) Zeit: x Stunden. Zurückgelegte Strecke von Paul: $14x$, Fritz: $5x$
$14x + 5x = 76; x = 4$. Sie treffen sich nach 4 Stunden.

f) $15x = 18(x - \frac{1}{2}); x = 3$. Fritz hat Paul nach 3 Stunden eingeholt.

g) $\frac{1}{9}x + \frac{1}{6}x = 1; x = \frac{18}{5} = 3{,}6$. Gemeinsam benötigen A und B 3,6 Tage.

h) $\frac{1}{10}x + \frac{1}{12}x + \frac{1}{15}x = 1; x = 4$. Gemeinsam benötigen sie 4 Tage.

j) $\frac{1}{2\frac{1}{2}}x + \frac{1}{5\frac{5}{6}}x = 1; x = \frac{7}{4}$. In 1,75 Stunden bzw. in 1h45min.

k) 30-prozentiger Alkohol: $x\ell$, Alkoholgehalt $0{,}3x\ell$
70-prozentiger Alkohol $(20 - x)\ell$; Alkoholgehalt $0{,}7(20 - x)\ell$
$0{,}3x + 0{,}7(20 - x) = 0{,}4 \cdot 20; x = 15$. Es werden 15ℓ 30-prozentiger und 5ℓ 70-prozentiger Alkohol benötigt.

l) $0{,}05x + 0{,}11(6 - x) = 0{,}09 \cdot 6; x = 2$
2ℓ 5-prozentige und 4ℓ 11-prozentige Lösung.

m) $14x + 11(45 - x) = 12 \cdot 45; x = 15$. Es sind 15 kg der Sorte zu DM 14,–/kg und 30 kg der Sorte zu 11,–/kg zu nehmen.

7.4.5 a) $40 + 0{,}2x = 176; x = 680$. Er hat 680 kg gekauft.

b) $0{,}98x - 0{,}68x = 24; x = 80$. Zur Deckung der Kosten muss er 80 Gurken verkaufen.
$0{,}98x - 0{,}68x - 24 = 30; x = 180$. Für einen Gewinn von EURO 30,– muss er 180 Gurken verkaufen.

c) $24{,}60 + (x - 10) \cdot 0{,}23 = 64{,}85; x = 185$. Es sind 185 Gebühreneinheiten angefallen.

d) $36x + 2{,}5 \cdot 6{,}5 = 67{,}69; x = 1{,}429$. 1ℓ Benzin hat EURO 1,429 gekostet.

e) $120x = 135(x - 0{,}1); x = 0{,}9$. Der Preis betrug EURO 0,90.

f) $x + 2x + 3x = 120.000; x = 20.000$. Pauls GmbH-Anteil beträgt EURO 20.000,–.

g) (1) $16x + 8(40 - x) + 14 \cdot 40 = 12 \cdot 80; x = 10$
10 kg Haselnüsse, 30 kg Erdnüsse, 40 kg Rosinen;
(2) $16x + 8(40 - x) + 14 \cdot 40 = 11 \cdot 80; x = 0$
keine Haselnüsse, je 40 kg Erdnüsse und Rosinen.

7.5.3 a) $\frac{1{,}8}{3} = \frac{27}{x}; x = 45$. Der Mast wirft einen 45 m langen Schatten.

b) $\frac{30}{8} = \frac{2100}{x}; x = 560$. 560 Umdrehungen pro Minute.

c) $\frac{x}{x+33} = \frac{2}{5}; x = 22$. Paul ist 22 Jahre alt.

d) $\frac{350}{28} = \frac{x}{12}; x = 150$. Nach 12 Minuten enthält das Becken 150 l.

e) $\frac{3}{80} = \frac{100}{x}; x = 2.666{,}\overline{6}$. Man muss $2.666{,}\overline{6}m$ fahren.

7.6.4 a) $x = 7$; **b)** $x = 11$; **c)** nicht lösbar; **d)** $x = -24$; **e)** $x = -1$; **f)** nicht lösbar; **g)** $x = \frac{5}{4}$; **h)** $x = 3$; **j)** $x = -4$; **k)** $x = 21$.

7.7.3 a) $2 : 100 = x : 1648{,}50; x = 32{,}97$. Skonto EURO 32,97.

b) $16 : 100 = x : 728; x = 116{,}48$. Mehrwertsteuer EURO 116,48.

c) $9{,}2 : 100 = x : 268.500; x = 24.702$. 24.702 Ausländer.

d) Insgesamt 286 Stimmen. A $x : 100 = 58 : 286, x = 20{,}3\%$.
B $x : 100 = 137 : 286; x = 47{,}9\%$; C $x : 100 = 91 : 286, x = 31{,}8\%$.

e) $x : 100 = 100 : 398; x = 25{,}1$. Der Nachlass beträgt 25,1%.

f) $32 : 100 = 592 : x; x = 1.850$. Der Betrieb hat 1.850 Mitarbeiter.

g) $16 : 100 = 78.114{,}40 : x; x = 488.215$. Netto-Umsatz EURO 488.215,–.

7.7.5 a) $x : 100 = (5.700 - 5.000) : 5.000; x = 14$. Überschuss 14%.
b) $100 : (100 + 16) = x : 153; x = 131{,}90$. Der steuerpflichtige Umsatz beträgt EURO 131,90.
c) $x : 100 = 150 : (600 + 150); x = 20$. 20% Alkohol.
d) $x : 100 = (298 - 198) : 298; x = 33{,}6$. Preisermäßigung 33,6%.
e) $(100 + 6{,}5) : 100 = 15{,}60 : x; x = 14{,}65$. EURO 14,65/Stunde.
f) $(100 - 8) : 100 = 552 : x; x = 600$. Der Preis betrug EURO 600,–.
g) $(100 - 4{,}8) : 100 = 262.458 : x; x = 275.691$.
h) $13{,}2 : (100 + 13{,}2) = 582.000 : x; x = 4.991.090{,}91$. Der Umsatz beträgt EURO 4.991.090,91.
j) $x : 100 = (302.600 - 285.200) : 285.200; x = 6{,}1$. Die Steigerung beträgt 6,1%.

7.7.8 a) $x = 11.500.000 \cdot 1{,}11 \cdot 1{,}05 \cdot 1{,}02 = 13.671.315$;
b) $x = 5.600 \cdot 0{,}92 \cdot 0{,}94 \cdot 0{,}98 = 4.746{,}02$;
c) $x = 182.000 \cdot 1{,}06 \cdot 1{,}03 \cdot 0{,}93 = 184.798$.

7.7.9 a) $\frac{100}{100+7} = \frac{y}{48}; \frac{8}{100} = \frac{x}{y} \Rightarrow x = \frac{8}{100} \cdot \frac{48 \cdot 100}{107} = 3{,}59$;
b) $x = \frac{6}{100} \cdot \frac{523 \cdot 100}{116} = 27{,}05$; **c)** $x = \frac{1.310{,}40 \cdot 100}{104} \cdot \frac{3}{100} = 37{,}8$.

7.7.11 a) 1.350.000,–; **b)** 23%; **c)** 70.343; **d)** 17,1%; **e)** 69.802; **f)** EURO 1.336,55.

7.8.3 a) 3.493,20; **b)** 15.500,–; **c)** 13,6%; **d)** 1.650,–.

7.8.6 a) 2.448,–; **b)** 11,5%; **c)** 2.850,–; **d)** 7 Jahre .

7.8.11 a) 115 Zinstage, EURO 6.037,16; **b)** 52 Zinstage, EURO 144,44; **c)** 146 Zinstage, EURO 91,25; **d)** 60 Zinstage, 8,5%; **e)** 112 Zinstage, 6,2%; **f)** 110 Zinstage: 26.06.; **g)** 169 Zinstage: 22.05.

7.9.4 a) $x = 2{,}2894$; **b)** $x = 1{,}0801$; **c)** $x = 4{,}6416$; **d)** $x = 1.024$; **e)** $x = 7{,}4767$; **f)** $x = 3{,}3225$.

7.9.10 a) $x = 3{,}5237$; **b)** $x = 3$; **c)** $x = 8{,}07$; **d)** $x = 9{,}9658$; **e)** $x = 6{,}2877$; **f)** $x = 14{,}2067$; **g)** $x = 7{,}2725$; **h)** $x = 0{,}3102$.

Lösungen zu Kapitel 8

8.0.1 a) $x = 2, y = 3$; **b)** nicht lösbar, die Gleichungen enthalten einen Widerspruch.

8.0.2 a) Brötchen: EURO 0,25, Milch EURO 1,10;
b) 12 kg zu EURO 11,–/kg und 18 kg zu EURO 13,–/kg.

8.2.3 a) $(x, y) = (1; 3)$; **b)** $(x, y) = (7; 3)$; **c)** $(x, y) = (-2; 5)$.

8.2.6 a) $(x, y) = (2; -1)$; **b)** $(x, y) = (5; 2)$; **c)** $(x, y) = (2; -2)$.

8.2.9 a) $(x, y) = (4; 1)$; **b)** $(x, y) = (5; -2)$; **c)** $(x, y) = (-1; 2)$.

8.3.6 a) $(x, y) = (-1; 3)$; **b)** $(3; -2)$; **c)** nur mehrdeutig lösbar: $y = 2x - 8$ bzw. $x = \frac{1}{2}y + 4$; **d)** $(5; 3)$; **e)** nicht lösbar; **f)** $(7; 6)$; **g)** $(\frac{1}{2}; \frac{1}{3})$; **h)** $(\frac{2}{3}; \frac{5}{4})$; **j)** $(-\frac{3}{5}; \frac{2}{5})$.

8.4.2 a) $8x + 5y = 10{,}3 \wedge 6x + 7y = 11{,}30; (x, y) = (0{,}60; 1{,}10)$;
b) $x - 7 = 6(y - 7) \wedge x + 13 = 2(y + 13); (x, y) = (37; 12)$;
c) $(x - 12.000) : (y - 12.000) = 5 : 4 \wedge x : y = 7 : 6; (x, y) = (42.000; 36.000)$;
d) $3(x - 2) = y + 2 \wedge x + 3 = 3(y - 3); (x, y) = (4{,}50; 5{,}50)$;
e) $2x = y \wedge 2x + 2y = 240; (x, y) = (40; 80)$;
f) $x + y = 6 \wedge 0{,}2x + 0{,}5y = 0{,}32 \cdot 6; (x, y) = (3{,}6; 2{,}4)$;
g) $x + y = 24 \wedge 12x + 13{,}5y = 12{,}6 \cdot 24; (x, y) = (14{,}4; 9{,}6)$;
h) $x + y = 35 \wedge 9{,}5x + 10{,}9y = 10 \cdot 35; (x, y) = (22{,}5; 12{,}5)$;
j) $x + y = 20 \wedge 0{,}12x + 0{,}2y = 0{,}15 \cdot 20; (x, y) = (12{,}5; 7{,}5)$;
k) $x + y = 6.000 \wedge 0{,}12x + 0{,}15y = 0{,}14 \cdot 6.000; (x, y) = (2.000; 4.000)$;
l) $12x + 10y = 21{,}6 \wedge 10x + 8y = 17{,}6; (x, y) = (0{,}80; 1{,}20)$.

Lösungen zu Kapitel 9

9.0.1 a) $x_1 = -2, x_2 = +2$; **b)** nicht lösbar.

9.0.2 $x_1 = 0, x_2 = -4$.

9.0.3 a) $x_1 = 1, x_2 = -5$; **b)** $x = 3$; **c)** nicht lösbar.

9.0.4 $x_1 = -1, x_2 = 1, x_3 = -3, x_4 = 3$.

9.0.5 a) $x_1 = 0, x_2 = -2{,}5$; **b)** $x_1 = 0, x_2 = -2, x_3 = 2$;
c) $x_1 = 0, x_2 = -4, x_3 = 2$.

9.2.3
a) $x_1 = 2, x_2 = -2$; **b)** $x_1 = 3, x_2 = -3$;
c) nicht lösbar; **d)** $x_1 = \frac{7}{5}, x_2 = -\frac{7}{5}$;
e) $x_1 = \frac{8}{11}, x_2 = -\frac{8}{11}$; **f)** $x_1 = \frac{1}{6}, x_2 = -\frac{1}{6}$;
g) $x_1 = \sqrt{\frac{8}{3}}, x_2 = -\sqrt{\frac{8}{3}}$; **h)** $x_1 = \frac{2}{3}, x_2 = -\frac{2}{3}$;
j) $x_1 = \sqrt{\frac{17}{5}}, x_2 = -\sqrt{\frac{17}{5}}$.

9.2.6 a) $x_1 = 0, x_2 = \frac{3}{5}$; **b)** $x_1 = 0, x_2 = -\frac{13}{6}$;
c) $x_1 = 0, x_2 = \frac{19}{48}$; **d)** $x_1 = 0, x_2 = -\frac{16}{7}$.

9.2.7
a) $x_1 = 0, x_2 = -\frac{25}{12}$; **b)** $x_1 = \frac{7}{3}, x_2 = -\frac{7}{3}$; **c)** nicht lösbar;
d) $x_1 = 0, x_2 = -2$; **e)** $x_1 = 6, x_2 = -6$; **f)** $x_1 = 0, x_2 = -\frac{37}{112}$;
g) $x_1 = 3, x_2 = -3$; **h)** nicht lösbar; **j)** $x_1 = 0, x_2 = 9$;
k) $x_1 = 0, x_2 = -9$; **l)** $x_1 = 0, x_2 = \frac{9}{5}$; **m)** nicht lösbar;
n) $x_1 = 3, x_2 = -3$.

9.3.3 a) $x_1 = 8, x_2 = 1$; **b)** $x_1 = 5, x_2 = -2$;
c) $x_1 = 2{,}5$, $x_2 = -3{,}5$; **d)** $x_1 = \frac{1}{3}, x_2 = -\frac{7}{3}$.

9.3.11 a) $x_1 = 6, x_2 = 2$; **b)** $x_1 = 2{,}5, x_2 = -4{,}5$; **c)** $x = 4$;
d) $x_1 = 8, x_2 = 5$; **e)** nicht lösbar; **f)** $x_1 = 0{,}8, x_2 = 0{,}4$; **g)** $x = -1{,}5$;
h) $x_1 = -1{,}4, x_2 = -0{,}8$; **j)** nicht lösbar.

9.4.2 Lösungen der quadratischen Gleichung, die für das Anwendungsproblem keine Bedeutung haben, sind in Klammern gesetzt.
a) $(10 + x)(6 + x) = 96; x_1 = 2, (x_2 = -18)$;
b) $\frac{1080}{x} - 15 = \frac{1080}{x+1}; x_1 = 8, (x_2 = -9)$;
c) $1990200 = 2000000(1 + \frac{x}{100})(1 - \frac{x}{100}); x_1 = 7, (x_2 = -7)$;
d) $\frac{1}{x} + \frac{1}{x-5} = \frac{1}{6}; x_1 = 15, (x_2 = 2)$;
e) $\frac{3600}{x} + 3 = \frac{3600}{x-40}; x_1 = 240, (x_2 = -200)$;
f) $x \cdot 2{,}2x = 970{,}2; x_1 = 21, (x_2 = -21)$;
g) $15(1 + \frac{x}{100})(1 + \frac{x}{100}) = 16; x_1 = 3{,}28, (x_2 = -203{,}28)$;
h) $\frac{1}{x} + \frac{1}{x+4} = \frac{1}{4{,}8}, x_1 = 8, (x_2 = -2{,}4)$.

9.5.4 a) $x_1 = 5, x_2 = -5, x_3 = 1, x_4 = -1$;
b) $x_1 = 4, x_2 = -4, x_3 = 2, x_4 = -2$;
c) $x_1 = 3, x_2 = -3$; **d)** $x_1 = 2, x_2 = -2$; **e)** $x_1 = 3, x_2 = -3, x_3 = 0$;
f) $x_1 = \frac{3}{2}, x_2 = -\frac{3}{2}, x_3 = \frac{4}{3}, x_4 = -\frac{4}{3}$; **g)** keine Lösung; **h)** $x_1 = 0$.

9.6.7

a) $x^5(2x^2 - 18) = 0$;	$x_1 = 0$,	$x_2 = -3$,	$x_3 = +3$;
b) $x^5(3x + 9) = 0$;	$x_1 = 0$,	$x_2 = -3$;	
c) $x^7(2x^2 - 12x + 10) = 0$;	$x_1 = 0$,	$x_2 = 1$,	$x_3 = 5$;
d) $x^3(x^2 - 16) = 0$;	$x_1 = 0$,	$x_2 = -4$,	$x_3 = +4$;
e) $x^3(x^2 + 9) = 0$;	$x_1 = 0$;		
f) $x^6(x^2 + 4x - 12) = 0$;	$x_1 = 0$,	$x_2 = -6$,	$x_3 = +2$;
g) $x^3(3x + 4) = 0$;	$x_1 = 0$,	$x_2 = -\frac{4}{3}$.	

Lösungen zu Kapitel 10

10.0.1 a) $8 < 24$; **b)** $-8 > -24$; **c)** $16 < 144$; **d)** $\frac{1}{4} > \frac{1}{12}$.

10.0.2 a) $\mathbb{L} = \{x \mid x > 1\}$; **b)** $\mathbb{L} = \{x \mid x < 0 \lor x > 2\}$.

10.0.3 $-6 < x < -2$.

10.0.4
a) $\mathbb{L} = \{x \mid x < -4 \lor x > 4\}$; **b)** $\mathbb{L} = \{x \mid 0 < x < 5\}$;
c) $\mathbb{L} = \{x \mid -4 < x < 2\}$; **d)** $\mathbb{L} = \{x \mid -2 < x < 0 \lor x > 0\}$.

10.1.2 $x \leq 420$

10.2.17 a) $5 < 8$; **b)** $-7 < -4$; **c)** $4 < 10$; **d)** $-6 > -15$.

10.2.18 a) $-10 < 20$; **b)** $6 > -12$; **c)** $4 < 16$; **d)** $-\frac{1}{2} < \frac{1}{4}$.

10.2.19 a) $10 < 20$; **b)** $-6 > -12$; **c)** $4 < 16$; **d)** $\frac{1}{2} > \frac{1}{4}$.

10.2.20 a) $-20 < 10$; **b)** $12 > -6$; **c)** $16 > 4$; **d)** $-\frac{1}{4} < \frac{1}{2}$.

10.3.3 a) $x \leq -2$; **b)** $x > 2$; **c)** $x > 4$; **d)** $x > \frac{42}{11}$; **e)** $x > -1$.

10.3.5
a) $\mathbb{L} = \{x \mid x < 0 \vee x > \frac{1}{5}\}$; **b)** $\mathbb{L} = \{x \mid x < 0 \vee x > 12\}$;
c) $\mathbb{L} = \{x \mid -1{,}5 < x < 0\}$; **d)** $\mathbb{L} = \{x \mid x < 2{,}5 \vee x > 3\}$;
e) $\mathbb{L} = \{x \mid -9 < x < -2\}$; **f)** $\mathbb{L} = \{x \mid 2 < x < 10\}$;
g) $\mathbb{L} = \{x \mid 1{,}5 < x < 3\}$; **h)** $\mathbb{L} = \{x \mid 1 < x < 3\}$.

10.3.7 a) $\mathbb{L} = \{x \mid -1 \leq x \leq 1\}$; **b)** $\mathbb{L} = \{x \mid -2 < x < 3\}$; **c)** $\mathbb{L} = \emptyset$.

10.4.2 a) $3/4 < x < 7/4$; **b)** $-15 < x < -7$; **c)** $-3 < x < -1$.

10.4.3 a) $-t \leq \frac{x-a}{s} \leq t$; **b)** $x - ts \leq a \leq x + ts$.

10.6.4
a) $\mathbb{L} = \{x \mid x > 4 \vee x < -4\}$; **b)** $\mathbb{L} = \{x \mid -5 < x < 5\}$;
c) $\mathbb{L} = \emptyset$; **d)** $\mathbb{L} = \{x \mid x > 2 \vee x < -2\}$.

10.6.7
a) $\mathbb{L} = \{x \mid x < -6 \vee x > 0\}$; **b)** $\mathbb{L} = \{x \mid x > 7 \vee x < 0\}$;
c) $\mathbb{L} = \{x \mid x < -4 \vee x > 0\}$; **d)** $\mathbb{L} = \{x \mid x > \frac{7}{4} \vee x < 0\}$.

10.6.10
a) $\mathbb{L} = \{x \mid -4 < x < 0\}$; **b)** $\mathbb{L} = \{x \mid 0 < x < 2\}$;
c) $\mathbb{L} = \{x \mid -6{,}8 < x < 0\}$; **d)** $\mathbb{L} = \{x \mid 0 < x < 12\}$.

10.6.13
a) $\mathbb{L} = \{x \mid x > 3 \vee x < -1\}$; **b)** $\mathbb{L} = \{x \mid -1 < x < 3\}$;
c) $\mathbb{L} = \{x \mid -1 < x < 5\}$; **d)** $\mathbb{L} = \{x \mid x > 6 \vee x < 4\}$.

10.6.21
a) $\mathbb{L} = \{x \mid -2 < x < 0 \vee 0 < x\}$; **b)** $\mathbb{L} = \{x \mid x < -3\}$;
c) $\mathbb{L} = \{x \mid 0 < x < 1{,}5\}$; **d)** $\mathbb{L} = \{x \mid x > 7\}$.

10.6.24
a) $\mathbb{L} = \{x \mid x > 4 \vee -2 < x < 0\}$; **b)** $\mathbb{L} = \{x \mid x < 0 \vee 1 < x < 3\}$;
c) $\mathbb{L} = \{x \mid 1 < x < 3\}$; **d)** $\mathbb{L} = \{x \mid 0 < x < 2 \vee x > 6\}$.

10.6.25
a) $\mathbb{L} = \{x \mid x < -5 \vee x > 5\}$; **b)** $\mathbb{L} = \{x \mid -3 < x < 3\}$

10.6.26
a) $\mathbb{L} = \{x \mid x > 0 \vee x < -12\}$; **b)** $\mathbb{L} = \{x \mid 0 < x < 2\}$;
c) $\mathbb{L} = \{x \mid x > 2{,}4 \vee x < 0\}$.

10.6.27

a) $\mathbb{L} = \{x \mid x > 8 \vee x < 2\}$; **b)** $\mathbb{L} = \{x \mid 2 < x < 8\}$;
c) $\mathbb{L} = \{x \mid x > 1 \vee x < -3\}$; **d)** $\mathbb{L} = \{x \mid -3 < x < 1\}$.

10.6.28

a) $\mathbb{L} = \{x \mid -2 < x < 0 \vee 0 < x\}$; **b)** $\mathbb{L} = \{x \mid x > \frac{5}{3} \vee x < 0\}$;
c) $\mathbb{L} = \{x \mid 0 < x < \frac{5}{3}\}$; **d)** $\mathbb{L} = \{x \mid x < -3 \vee x > 5\}$;
e) $\mathbb{L} = \emptyset$; **f)** $\mathbb{L} = \{x \mid x > 2 \vee x < -2\}$.

Lösungen zu Kapitel 11

11.0.1 $\beta = 52^o$; **11.0.2** $4 < b < 32$; **11.0.3** 40°; **11.0.4** 3 cm;

11.0.5 20 cm^2; **11.0.6** 90 cm^2; **11.0.7** $U = 28\ cm, F = 45\ cm^2$

11.0.8 $U = 37{,}699\ cm, F = 113{,}097\ cm^2$.

11.2.4 a) $\gamma = 55^o$; **b)** $\beta = 60^o$; **c)** $\alpha = 40^o$.

11.2.6 Widersprüchlich: **a)**, denn $b + c < a$; und **d)**, denn $a + b < c$.

11.2.7 a) $3 < c < 15$; **b)** $6 < b < 16$; **c)** $11 < c < 15$.

11.2.10 a) $60°, 90°$; **b)** $18°, 90°$; **c)** $47°, 90°$.

11.2.11 a) 75°; **b)** 66°; **c)** 34°.

11.2.12 a) 16°; **b)** 148°; **c)** 90°.

11.2.17 ähnlich: **a)**, **c)**, **d)**; nicht ähnlich: **b)**.

11.2.19 a) $c = 5$; **b)** $c = 13$; **c)** $c = 7{,}161$.

11.2.20 a) $b = 5$; **b)** $a = 24$; **c)** $b = 13{,}229$.

11.2.23 a) 30 cm^2; **b)** 10,4 cm^2.

11.3.6 a) 13,5 cm^2; **b)** 65 cm^2; **c)** 70 cm^2.

11.3.14 a) 60 m^2; **b)** 60 m^2; **c)** 11,56 m^2.

11.3.16 a) 56 m^2; **b)** 72 m^2; **c)** 12 m^2; **d)** 108 m^2; **e)** 130 m^2;
f) 144 m^2.

11.3.17 a) 1.680 bzw. 1.748 Platten; **b)** 832 Klinker;
c) Fläche des Weges: 8,3 $m^2, 361 Steine$; **d)** 30 kg Farbe.

11.5.5 a) 17,5 m; **b)** 61,67 m.

11.5.6, **a)** $x = 24$; **b)** $x = 15$; **c)** $x = 10$; **d)** $x = 10{,}48$; **e)** $x = 8{,}1$.

11.6.4 a) $F = 50{,}27\ cm^2, U = 25{,}13\ cm$; **b)** $F = 124{,}69\ m^2$,
$U = 39{,}58\ m$.

11.6.5 a) $r = 6{,}18\ cm$; **b)** $r = 7{,}96\ cm$.

11.6.8 a) $3{,}804\ m^2$; **b)** $0{,}215\ m^2$; **c)** $0{,}215\ m^2$;
d) $F = 10.027\ m^2, U = 428{,}5\ m$.

Lösungen zu Kapitel 12

12.0.1 $O = 76\ cm^2, V = 40\ cm^3$.

12.0.2 $O = 314{,}159\ cm^2$, $V = 523{,}599\ cm^3$.

12.0.3 $O = 527{,}788\ cm^2, V = 706{,}858\ cm^3$.

12.2.5 a) $O = 3.600\ cm^2, V = 14.400\ cm^3$; **b)** $O = 22\ m^2, V = 6\ m^3$.

12.2.6 a) $V = 231{,}84\ m^3$; **b)** $49{,}92\ m^3$; **c)** 8.663 Stück;
d) $1{,}389\ m$; **e)** $2{,}88\ m^3$.

12.2.9 a) $O = 54\ cm^2, V = 27\ cm^3$; **b)** $a = 7{,}095$; **c)** 264.

12.3.4 a) $O = 50{,}27\ cm^2, V = 33{,}51\ cm^3$; **b)** $r = 6{,}176\ cm$;
c) $O = 483{,}598\ cm^2$,Würfel: $O = 600\ cm^2$; **d)** $V = 476{,}401\ cm^3$.

12.3.9 a) $O = 653{,}451\ cm^2, V = 628{,}319\ cm^3$; **b)** $4{,}9\ kg$;
c) $326{,}472\ m$; **d)** $0{,}851\ mm$; **e)** $3.749{,}177\ g$.

12.4.6 a) $690\ cm^3$; **b)** $6.561\ cm^3$; **c)** $134{,}04\ cm^3$.

Lösungen zu Kapitel 13

13.0.1 $\sin\alpha = \frac{b}{c}$; $\cos\alpha = \frac{a}{c}$; $\tan\alpha = \frac{b}{a}$; $\cot\alpha = \frac{a}{b}$.

13.1.4 a) $\sin\alpha = 0{,}6$; $\cos\alpha = 0{,}8$; $\tan\alpha = 0{,}75$; $\cot\alpha = 1{,}333$;
b) $a = 3{,}5$.

13.1.6 $\tan\alpha = \frac{\sin\alpha}{\sqrt{1-\sin^2\alpha}}$; $\cot\alpha = \frac{\sqrt{1-\sin^2\alpha}}{\sin\alpha}$;

13.2.2 a) $a^2 + b^2 = c^2 \Rightarrow \frac{a^2}{c^2} + \frac{b^2}{c^2} = 1 \Rightarrow \sin^2\alpha + \cos^2\alpha = 1$;
b) $\tan\alpha = \frac{a}{b} = \frac{a/c}{b/c} = \frac{\sin\alpha}{\cos\alpha}$;
c) $\tan\alpha = \frac{a}{b} = \frac{1}{b/a} = \frac{1}{\cot\alpha}$.

13.2.4

a) $\sin(90^\circ + \alpha) = \sin(90^\circ - \alpha)$
(gleich lange Strecken)

$\sin(90^\circ + \alpha) = \cos\alpha$
(kongruente Dreiecke)

c) $\tan(90^\circ - \alpha) = \tan(90^\circ + \alpha)$
(kongruente Dreiecke, Spiegelung)

$\tan(90^\circ + \alpha) = -\cot\alpha$
(kongruente Dreiecke, Drehung)

Anhang A2: Ergänzende und vertiefende Literatur

Weiterführende Literatur

Es gibt nur wenige Bücher, die die hier behandelten mathematischen Grundlagen in ausführlicher und zum Selbststudium geeigneter Form enthalten. Dem Leser, der eine breitere Darstellung des Stoffes mit zusätzlichen Erläuterungen und/oder weitere Beispiele und Übungsaufgaben wünscht, können die folgenden Werke empfohlen werden.

(Hinweis: Auf die Angabe des Erscheinungsjahres und der Auflagennummer wird bei den bibliographischen Angaben verzichtet. Es sollte die jeweils neueste Auflage verwendet werden.)

KREUL, H.; KULKE, K.; PESTER, H.: Mathematik leicht gemacht. Frankfurt/M (Verlag Harri Deutsch).

KUSCH, L.; GLOCKE, T: Mathematik, Neuausgabe. Band 1: Arithmetik und Algebra. Band 2: Geometrie und Trigonometrie. Bielefeld (Verlag Cornelsen).

Zu diesen beiden Bänden gibt es als Ergänzung Lösungshefte.

Die folgenden Bücher sind Brückenkurse, die für Studienanfänger (auch oder speziell der Wirtschaftswissenschaften) geschrieben wurden. Sie behandeln aber teilweise mehr als nur elementares Grundwissen und sind deshalb zur Auffrischung bzw. Wiederholung von Grundlagenwissen nur bedingt geeignet.

BOSCH, K.: Brückenkurs Mathematik. München/Wien (Oldenbourg Verlag).

GAL, T. (HRSG.): Mathematik zum Studieneinstieg. Berlin (Springer-Verlag).

OHSE, D.: Elementare Algebra und Funktionen: ein Brückenkurs zum Hochschulstudium. München (Verlag Vahlen).

Darüberhinaus können zur Ergänzung und Vertiefung die folgenden Werke herangezogen werden, die sich insbesondere auch zum Nachschlagen bzw. Nachlesen einzelner Gebiete bzw. Begriffe eignen.

SCHÜLERDUDEN: Mathematik. Mannheim (Bibliographisches Institut).

DUDEN: Rechnen und Mathematik. Mannheim (Bibliographisches Institut).

Schließlich sei auf die 3 Bände "Mathematik für Wirtschaftswissenschaftler" des Verfassers verwiesen, zu denen dieses Buch eventuell fehlende Vorkenntnisse vermitteln soll und die ebenfalls im NWB-Verlag erschienen sind:
Band 1: Grundlagen
Band 2: Differential- und Integralrechnung
Band 3: Lineare Algebra, lineare Optimierung und Graphentheorie.

Anhang A3: Symbolverzeichnis

$A(x)$	Aussageform mit der Variablen x S. 13
a^n	n-te Potenz von a, „a hoch n“ S. 44
cos	Cosinus S. 132
cot	Cotangens S. 132
$\mathbb{D}$	Definitionsmenge S. 13
e	Basis der natürlichen Logarithmen $e = 2{,}718281\ldots$ S. 52 (so genannte Eulersche Zahl)
f	falsch (bei Aussagen) S. 12
F	Fläche
g.g.T.	größter gemeinsamer Teiler S. 36
h	Höhe
i	Zinssatz $(= \frac{p}{100})$ S. 69
k.g.V.	kleinstes gemeinsames Vielfaches S. 37
K	Kapital S. 69
K_0	Anfangskapital S. 69
K_n	Endkapital nach n Jahren S. 69
$\ln x$	Logarithmus von x zur Basis e, natürlicher Logarithmus S. 52
$\log x$	Logarithmus von x zur Basis 10, dekadischer Logarithmus S. 52
$\log_a x$	Logarithmus von x zur Basis a S. 51
$\mathbb{L}$	Lösungsmenge S. 13
m	Anzahl der Monate S. 70
$\mathbb{N}$	Menge der natürlichen Zahlen S. 16
O	Oberfläche
p	Zinsfuß S. 65
$\wp$	Potenzmenge S. 22
$\mathbb{Q}$	Menge der rationalen Zahlen S. 16
r	Radius S. 122

$\mathbb{R}$	Menge der reellen Zahlen S. 17
sin	Sinus S. 132
t	Anzahl der Tage S. 70
tan	Tangens S. 132
U	Umfang
V	Volumen
w	wahr (bei Aussagen) S. 12
Z	Zinsen S. 69
$\mathbb{Z}$	Menge der ganzen Zahlen S. 16
π	Pi, $= 3{,}141592\ldots$ S. 122
$\wedge$	Konjunktion; logisches „und" S. 13
$\vee$	Disjunktion; logisches „oder" S. 14
$\Rightarrow$	Implikation; Folgerung S. 14
$\Leftrightarrow$	Äquivalenz S. 15
$\in$	Elementzeichen: $a \in A$ „a ist Element von A" S. 20
$\notin$	$b \notin A$ „b ist nicht Element von A" S. 20
$\{a, b\}$	Menge mit den Elementen a und b S. 20
$\{\}$	leere Menge; Nullmenge S. 21
$\emptyset$	leere Menge; Nullmenge S. 21
$\subset$	Teilmengenbezeichnung: $A \subset B$„A ist Teilmenge von B" S. 22
$\cap$	Durchschnitt (von Mengen) S. 23
$\cup$	Vereinigung (von Mengen) S. 23
$\setminus$	Differenz (von Mengen) S. 24
$\mathcal{C}$	Komplement (einer Menge) S. 25
$\sqrt[n]{a}$	n-te Wurzel aus a S. 47
$\sqrt{a}$	Quadratwurzel aus a S. 47
%	Prozent S. 65
$^o/_{oo}$	Promille
$<$	kleiner als S. 92
$\leq$	kleiner oder gleich S. 92
$>$	größer S. 92
$\geq$	größer oder gleich S. 92
$^\circ$	Grad (z.B. 48°) S. 109

$=$ gleich S. 92
$\neq$ ungleich S. 92
(a, b) geschlossenes Intervall mit den Grenzen a und b S. 97
$)a, b($ offenes Intervall mit den Grenzen a und b S. 97
$)a, b)$ halboffenes Intervall mit den Grenzen a und b S. 97
$(a, b($ halboffenes Intervall mit den Grenzen a und b S. 97

Griechisches Alphabet

Buchstabe		Name	Buchstabe		Name	Buchstabe		Name
A	α	Alpha	I	ι	Jota	P	ρ	Rho
B	β	Beta	K	κ	Kappa	Σ	σ	Sigma
Γ	γ	Gamma	Λ	λ	Lambda	T	τ	Tau
Δ	δ	Delta	M	μ	My	Y	υ	Ypsilon
E	ϵ	Epsilon	N	ν	Ny	Φ	ϕ	Phi
Z	ζ	Zeta	Ξ	ξ	Xi	X	χ	Chi
H	η	Eta	O	o	Omikron	Ψ	ψ	Psi
Θ	θ	Theta	Π	π	Pi	Ω	ω	Omega

Stichwortverzeichnis